U0014812

超人氣健身教練的

孕期健康動、營養吃、養胎不養肉 全

好孕動

STAY FIT WITH MI

作者序

　　回想起剛發現懷孕的那一刻，彷彿像是昨天才發生的事情，那麼深刻、驚喜又緊張；因為是第一胎，加上人又在美國，看醫生沒有台灣方便，當時天天焦慮的在網路上到處搜尋有經驗的媽媽們的討論版、網誌等等，不查還好，越查越緊張！雖然醫生總是告訴我正常、沒問題，但初為人母，內心總是有許多小劇場輪番上演。

　　「我的寶寶會手腳健全嗎？」、「我發現懷孕前兩天才喝了酒，不會有事吧？」、「今天肚子側邊感覺怪怪緊緊的耶！沒問題嗎？」、「我好想運動喔！還能練腹肌嗎？」、「懷孕跑步寶寶會不會掉出來？」我知道心中冒出來的很多疑問都非常愚蠢，但我就是克制不住啊！我想我需要的，不是醫生一句「都是正常的，別擔心。」而是整個孕期都能陪著我渡過不安情緒的一本書，我希望能有一本書，可以過來人的經歷，和我分享整個孕期身體的變化，以及內心上演的劇場們，就算很愚蠢也沒關係，越愚蠢我越不覺得孤單！如果同時也能以專業的角度，讓我知道懷孕期間該注意的飲食及孕期運動知識，那麼就太好了！

　　所以，我決定自己著手來寫這本書。

　　懷第一胎及第二胎時，我分別參加了不同機構的孕產婦運動教練認證研習，與其在網路上道聽途說懷孕練腹肌、跑步會傷害寶寶的傳言，不如自己親自去學習正確知識吧！我非常慶幸自己做了這個決定，不僅讓我在懷孕期間安心了不少，更讓我生懷兩胎時保持健康與活力，兩個孩子分別以 3500 公克及 3900 公克以上出生了！

有了正確的知識與觀念，也幫助我在產後恢復之路走得比較順利，雖然產後肚皮鬆弛是難免，但能夠在產後半年內穿回去我的少女熱褲已經很感恩了！

　　這本書，是前後花了三年的時間所完成的；我從一個初懷孕的孕妹，到考取孕產婦教練，到成為新手媽媽，到懷了二寶邊育兒，再升級為二寶媽，這條路說長不長、說短不短，但這本書完成時就像生了一個孩子般令我感動及驕傲。我想，這本書不只是寫給所有孕妹們，也是我給自己與孩子們最棒的紀念及禮物。

　　同時我更想透過這本書，告訴所有孕妹及產後媽媽們：

　　妳並不孤單！我們都是最堅強最勇敢的女人！

Michelle
jcay fio

各界好評推薦

我喜歡 Michelle 告訴大家關於懷孕運動的迷思！因為這些錯誤資訊讓許多孕婦整個孕期都不願意運動，因為擔心影響到未出生的嬰兒，但事實是，經研究證實，運動是會給媽媽和寶寶帶來許多好處的，而且是很多很多的好處喔！

在這本書中，您可以學到最基本和最重要的孕期運動，並鍛鍊到重要的肌群，這些肌群的鍛鍊是有益的。加上 Michelle 用簡單的步驟來說明，這樣任何人都可以在家裡做這些運動，真棒！

我希望這本書可以讓成千上萬的孕媽咪們體驗到最好的懷孕感受，積極、健康，並記住妳們生命中這個最獨特的時刻！

—— 名模孕婦教練 Akemi（香月明美）

我是孕婦運動教練 Winnie，也是現任孕媽咪。懷孕是一段充滿驚奇的旅程，每天早上睜開眼睛都可以感覺自己身體微妙的變化，看著寶寶從一粒小花生長成不時在子宮內手舞足蹈的嬰孩，更能真實感受到孕育生命的成就感。

本書除了整理出適合各個孕期的運動計畫和注意事項外，Michelle 還照顧了孕妹們的飲食和心理狀態，讓大家知道怎麼吃、怎麼動才能安全的當個美麗又快樂的孕婦。如果妳正在計畫懷孕，這本書將會帶領妳率先一窺這段美好旅程的全貌；如果妳已經是孕妹，這本書絕對是妳最實用的好姐妹；如果妳卸貨了，讓這本書陪妳一邊育兒一邊做好產後恢復！

—— 康柏體能訓練中心共同創辦人 江蕙好

對於華人社會而言，女人一旦懷孕，就好像該禁止一切的活動，好好在家躺在床上，連散步都會被認為對孩子不好，但往往缺少了運動，才會讓生產造成更大的風險；以及一人吃兩人補的錯誤飲食方式，讓很多人生產完就難以回復產前的身材。

《好孕動 stay fit with mi》是一本很完整的孕產婦生活書籍，包含了科學根據的運動及飲食方針。破解懷孕迷思的部分，更是每個會接觸孕婦的人必看。孕婦不是什麼事都不能做，為了媽媽和寶寶的健康和性命安全，懷孕後更應該維持正確的運動習慣，才能有體力渡過生產的重要關頭。

之前在 Michelle 短暫返台時指導過她的訓練，在生產完兩胎後還是保有令人稱羨的體態，身體也能很正確的執行各項訓練動作，絲毫看不出是兩個孩子的媽媽，這在飲食和訓練上一定都下了很多功夫。當然另一半的支持也很重要，這些都值得未來有懷孕計畫的爸媽學習！

—— 體適能教育機構 KAT 創辦人 周博陽

Mi 真的在這本書中寫下了所有孕媽咪在懷孕過程中會有的感受！當閱讀她寫的懷孕及生產過程，讓我也想起我懷第一胎和第二胎時也有一樣的感覺，那個時候我的情緒也很複雜，很難形容，卻在讀了 Mi 的日記後，我懂了當時自己有那些感受的原因。

　　運動對我來說，能幫忙改善一些情緒上的不穩定，以及懷孕中常常會有的低潮，Mi 在書中設計的孕婦運動真的很值得收藏，尤其是懷孕後期，連出門都是大挑戰，能翻開書、簡單在家裡做一些運動，不只身體舒服了，心情也會變很好喔。

　　這本書來的時刻真的是我的救星，對於剛生完二寶的我，邊坐月子邊讀 Mi 的書，我感到被安慰，因為我知道我不孤單。當一個二寶媽同時也有自己的事業真的很不容易，我一直把她視為榜樣和靈感來源，她在書中的話語，真的能讓人產生共鳴，推薦給所有孕媽咪！

——VIASWEAT 創辦人　許安璿

　　身為臨床營養師也同時是一個小女孩的媽媽，除了推薦這本新書之外，我更想向大家推薦這麼棒的一個女人。因為工作關係認識 Michelle，即使她已經是健身美體的達人，但為了分享給讀者最正確的資訊，總是打破砂鍋問到底的精神查找資料以及向專業諮詢，不過每次跟她討論的過程，我心裡都知道她已經做了很多功課，只是希望更進一步再三確認。

　　我的孕期很巧的跟 Michelle 的二寶同期，所以在孕期我們相互討論了很多有關孕期營養的內容，這過程再次讓我看到一個媽媽對於小生命的呵護之情，而這些內容她也毫無保留迫不及待地分享給也在迎接小生命的妳，很幸運地我搶先一步閱讀了這些內容，這些問題全是孕期營養諮詢門診，營養師最常被問及的問題，Michelle 用親切的口吻與溫暖的文字分享。

　　希望您也跟我一樣喜歡這本書，也祝福讀者再好好讀完這本書，擁有一個美好的孕期，體重控制佳、運動肌群好，產程順利平安。

——前新光醫院營養師／台大公衛學院博士生／營養師的餐桌營養顧問　梁家瑋

近年來，國際醫學聯盟不只是建議孕婦要運動，而是必須運動，且每年建議的運動量越來越多！懷孕不是生病，所以沒道理有了生命在孕育，反而就開始了不斷躺與吃的不健康生活！這本書不只推薦給孕妹們，也推薦給孕妹及家人朋友！對！別再阻止健康的孕婦運動啦！

——Fit Strong 飛創國際孕產婦體適能訓練認證課程講師暨健美國手 筋肉媽媽

　　這是我看過最有趣的知識書，用輕鬆的自身故事帶入，讓我在每個片段都如同親眼所見一般。翻著書，就像在與書中的 Mi 聊天，隨著給肚子裡寶寶的信嘴角開始微笑上揚，卻又因為讀到懷孕生產的各個辛苦環節，緊張地抓弄頭髮，心情隨著每個文字勾勒出一幅又一幅鮮明的畫面。而在這些畫面之後，Mi 將懷孕期間最重要的運動、飲食與心情的資訊，用照片、食譜實用的分享給我們，讓我不知不覺一口氣讀完，認真覺得 Mi 應該生第三胎來繼續分享哈哈。

　　真的是一本想當爸媽都必須擁有的一本書唷！

——營養顧問 楊哲雄（好食課）

早點有這本書就好了！

　　胖了一輩子的內子靠著慢跑與飲食控制終於瘦下來，結果懷孕後幾乎是一切停擺，不敢跑步、想吃的停不住限不了，整個孕期胖了 20 公斤，產前練習助產瑜珈動作都背痛不止。當時我在網路找不到適合亞洲人的孕期運動相關知識，眾多真真假假的經驗談也無心力一個個去嘗試，只知道孕前若沒有運動習慣，孕後不要忽然勉強，但真的該怎麼做，缺乏成套的知識，孕動的好就懸在那兒，我們都知道但我們維持不了。

　　關注 Mi 的健身創作已經好幾年，旅居美國的她，將美國最新的運動科學知識透過她自身的理解，以不苟的態度與求真的精神，卻又平易近人的圖文影片傳遞給觀眾，讓有心想改變自己的人得到正確的幫助（包含我與內子），有機會在此推薦這本書，是我的榮幸，不論你是孕中，或者走在準備懷孕的路上，都可以放心參考書中的內容，一定收穫滿滿！

——人氣多功能家管 隱藏角色

Contents

作者序……003

各界好評推薦……005

Pregnancy Diary
從女人成為了母親

1 ｜蛤，我懷孕了！我還沒準備好啊！……014

2 ｜美國產檢驚魂記！……020

3 ｜給寶貝的一封信。……027

Chapter 1
孕妹好想運動怎麼辦？
——打破孕期運動的 12 個迷思

迷思 1 ：如果孕前沒有運動習慣，那麼懷孕了也不要運動比較
好……032

迷思 2 ：跑步對寶寶不好……033

迷思 3 ：在孕期有任何出血、疼痛等情況發生，表示整個孕期
都不能運動？……033

迷思 4 ：運動會消耗媽媽身體的營養，而影響寶寶吸收的營養
量？……034

迷思 5 ：孕期間運動的越多，益處越多？……034

迷思 6 ：孕期運動可以幫助減重嗎？……035

迷思 7 ：孕期間做肌力訓練會受傷……035

迷思 8 ：懷孕不能做有氧運動……036

迷思 9 ：孕期間絕對不能鍛練腹肌……037

迷思 10 ：如果你孕前的運動量很大，那麼妳懷孕後必須要降低運動強度很
　　　　　多很多才安全……039

迷思 11 ：孕期運動的強度沒有太高，所以不必額外做暖身與收操……040

迷思 12 ：並不是每一種運動都適合孕婦……040

Chapter2
懷孕初期的身心變化、運動及飲食建議

1 ｜懷孕日記（第 1 週至第 12 週）……042

2 ｜身體的變化……045

3 ｜開始孕動前必讀！……052

4 ｜第一孕期適合什麼運動呢？……058

　　　【好隊友企劃】爸爸一起動一動！……073

5 ｜孕期飲食必讀！……075

Chapter3
懷孕中期的身心變化、運動及飲食建議

1 ｜懷孕日記（第 13 週至 27 週）⋯⋯086

2 ｜身體的變化⋯⋯092

3 ｜第二孕期適合的運動⋯⋯100

　　【好隊友企劃】爸爸一起動一動！⋯⋯110

4 ｜第二孕期的飲食建議⋯⋯112

Chapter4
懷孕後期的身心變化、運動及飲食建議

1 ｜懷孕日記（第 27 週～生產）⋯⋯116

2 ｜身體的變化⋯⋯124

3 ｜孕晚期的特別注意事項，必讀！⋯⋯131

4 ｜第三孕期適合的運動⋯⋯133

　　【好隊友企劃】爸爸一起動一動！⋯⋯142

5 ｜第三孕期的飲食建議⋯⋯144

獨家專欄 促進食慾不怕胖的養孕料理！……147

Chapter5
剖腹產後的心理調適及產後調養

1 ｜剖腹產後的心理調適與身體恢復狀況……156

2 ｜剖腹產後多久可以恢復運動？……165

3 ｜意料之外的二寶來報到！二胎剖腹產後調適……172

Chapter6
育兒與健身，如何達到平衡？

1 ｜產後的身心狀態——關於產後憂鬱……186

2 ｜產後運動與身材恢復……196

3 ｜帶小孩還能運動嗎？……203

4 ｜愛小孩也要愛自己！……210

【特別分享】

大寶生產實錄……224

二寶生產實錄……244

附錄 好孕動手冊

從女人成為了母親

蛤，我懷孕了！
我還沒準備好啊！

措手不及的「意外之喜」

2015 年 9 月的某一個週末，我正在廚房做菜、準備拍照，當時的我正製作一套結合運動及飲食的工具書。那一個下午我很慌張，因為我是一個很喜歡做規劃、執行計畫的人，那時候我只完成了預定要完成拍照工作的一半，所以整個人心情很煩躁又很沒耐心，在一旁的男友一直安慰我，要我別太緊張，他說像我這麼愛計畫的人，最後一定能把事情順利完成的。然而我卻狠狠地瞪了他一眼，心想「話都你在說，但趕著完成計畫的可是我欸！」邊這樣想的時候，又邊覺得自己怎麼今天特別的煩躁不安呢？啊！算一算，我的月經差不多要來了吧！打開手機記事本一看，果然昨天月經就該來了，居然晚了一天，我想這些情緒應該是經前症候群無誤。

但我是一個月經非常非常準時的人，通常是一天不差，所以當我發現月經晚了一天時，心底其實也隱隱地擔心……

我乾脆要男友出門去買驗孕棒回來，讓我確定真的不可能中獎後，我就能安心等待生理期，並且好好放心的繼續手邊的工作，順便把他打發出門去，讓我自己清靜一下也好。

男友把驗孕棒買回來時，問我要不要進浴室裡陪我一起開獎？我還很不耐煩的覺得他少無聊了，還真以為我很緊張嗎？我只是想辦法讓自己的情緒不要那麼焦躁罷了！只要確定驗孕棒上只有一條線後，我就要來好好繼續做菜跟拍照。

於是我自己拿著驗孕棒走進了廁所，完事後把驗孕棒放進了尿液杯裡，盯著那根棒子，心想著確定是一條線之後就要把它給丟了，然後趕去廚房繼續我的工作與計畫。

接下來，我完全不敢相信我的眼睛。兩條線？！喂喂喂，這位先生你搞錯了吧！！（這就是我當下內心的吶喊！）我怎麼可能懷孕！到底是誰在整我？？男友看我怎麼進了浴室這麼久都沒有出來，他擔心的在門外一直敲門，然後進來時，看見我眼神呆滯的坐在馬桶上盯著驗孕棒看。

「妳怎麼了？怎麼不講話？」他看我不發一語，直接從我手中拿走驗孕棒查看。

「這是什麼意思？這是懷孕嗎？」我還是不說話，愣坐在馬桶上，腦中一片空白。男友只好自己拿起說明書讀了起來。

「妳懷孕了？！」

說真的，男友比我小 5 歲，當時我 29 歲，男友只有 24 歲，哪個男人會想在 24 歲時就結婚生子？我自己 29 歲都還沒

想好要踏入這個階段了，何況是他！所以我根本不敢抬頭看男友的表情，深怕會看到令我傷心的反應。沒想到男友的下一句話是：「妳開心嗎？我很開心！」蛤？？這就是所謂的神展開嗎？你開心什麼？我邊這樣想，邊抬起頭看著他，他還真的是一副很興奮、但又不敢展現出來的表情。

「我不知道……」我腦中完全一片空白，我還有好多好多計畫，還要工作，還要寫書。我是一個剛起步的健身部落客、我還要考教練證照、我還想要把自己練的更壯更精實！我懷孕了的話，這一切怎麼辦？

後面是怎麼回過神的我已經記不起來了，只記得下一幕場景是我和男友、姊姊一起坐在沙發上，討論該怎麼辦？現在是要結婚的意思嗎？還是不要這個小孩？我們都準備好了嗎？要怎麼和爸媽說呢？

討論到後來，我只要想到拿掉這個孩子就難過到想哭，男友也極力反對，於是我們開始討論下一步該怎麼做。雖然我還沒有準備好當媽媽，但這並不是拿掉小孩的理由，因此我們決定無論如何，都要接受這個挑戰。

面對艱難考驗的第一步

挑戰的第一步，就是我們彼此的父母。我爸爸對我很嚴格，我從小到大交過的男友幾乎都是背著他偷偷交往的（爸爸

別買這本書啊），雖然這任男友，爸爸已經見過面了，也很客氣友好的交流過，估計應該是對他有些好感啦，但若真的是要結婚，完全就是另一回事，我內心真的超害怕爸爸會飛來美國掐死我男友，所以我和姊姊、男友，一起花了兩三個小時寫了腳本，並且排練、預設各種爸爸會質問的問題及可能會有的激烈反應、應該如何應答、要如何表示男友想娶我的決心等等。排練得差不多後，我們就等台灣時間、爸爸起床後打視訊電話給他。

還記得那天視訊的時候，爸爸看起來心情不錯，我就推了一下男友，暗示他是個好兆頭，可以開始講了。我們原先排練好的腳本是這樣的：

爸爸：「你們找我什麼事？」

男友：「叔叔，我有件事想要拜託你。」

爸爸：「你說。」

男友：「我想拜託你同意把女兒嫁給我。」

爸爸……

版本一：「你說什麼鬼話！」然後掛斷。

版本二：「為什麼要把她嫁給你，不要開玩笑！」然後掛斷。

版本三：沈默不語，然後掛斷。

不管是哪個版本，我們都做好了萬一被掛斷後，用寫信的方式繼續下面的解釋……

但爸爸先是愣住，之後帶著一種微妙、看似有點鎮定又

有點在偷笑的表情，說：「你們年輕人決定就好，Mi 喜歡的話，我沒有什麼好反對的。」

Whatttt? 怎麼這麼順利？！剛剛的排練都白費了啊哈哈哈哈哈！不過男友還是盡責地繼續說下去。

「叔叔，其實我跟 Mi 已經交往三年多了，在美國我們兩個互相照顧，本來我們計畫在兩年後，彼此工作都更穩定再結婚，但現在這個計畫必須要提前了，因為⋯⋯」他頓了一下。「因為 Mi 懷孕了。」

登愣！終於說到了重點！我實在不敢再看爸爸的臉，還是乾脆假裝斷訊了直接關掉電腦電源算了？更令我意想不到的反應發生了。爸爸居然大笑了起來，眼睛瞪超大地說：「你是說，我要作阿公了？」「我真的要作阿公了？」

我們還來不及繼續接話，爸爸就開始霹靂啪啦的講婚禮怎麼辦、我們幾月要回台灣、接下來要怎麼安排，講一講突然又好像想到什麼似的說：「啊，我要去告訴妳媽還有妳奶奶，他們要作阿嬤跟阿祖了！掰掰！」

這一切像夢一般順利！難道肚中寶寶是命中註定要成為我們家的一份子嗎？有了爸爸的支持，像是一劑強心針一樣。嗯！我相信會越來越順利的！雖然我還是完全沒有準備好當一個媽，也不知道原本規劃好的一堆計畫接下來該怎麼辦，但既然寶寶來找我們了，就硬著頭皮往下走吧！

美國產檢驚魂記！

　　雖然有了家人的支持，心裡沒有像剛看到驗孕棒時那麼擔心害怕了，但是對於突然間生活即將面臨這麼大的改變，還是非常不安，常常會想「我真的要當媽媽了嗎？」、「這個時候懷孕好嗎？」、「真的就要嫁給他了嗎！」心中每天都有千百個疑問，也許是因為懷孕初期賀爾蒙驟升的緣故，有時候這些不安的情緒甚至會在深夜把我淹沒。

　　還記得剛發現懷上寶寶的前幾週，我每晚都睡不著，一直 google 一些與懷孕有關的各種問題，然後再帶著更多的疑問入睡。「我會是個好媽媽嗎？我好像沒有母愛啊，一發現懷上兒子時，我當下居然不是開心的，肚子裡的孩子一定感受到了！他會不會一出生就討厭我？」不安的情緒到後面，演變成自我懷疑，甚至懷疑自己是否愛這個孩子……直到懷孕第八週去產檢的時候，我才找到了女人天性內建的母愛。

好想要趕快產檢呀！

在美國，一般婦產科都是懷孕第七週才會接受看診，因為七週大之前的胎兒幾乎無法用超音波找到心跳，而我卻是在懷孕第五週時發現懷孕的，以我急躁的個性，發現懷孕了卻不能看醫生真是要了我的命，只好每天上網看媽媽版、看各種孕初期會發生的症狀與該注意的大小事。不看還好，看了簡直把自己本來就很不安的情緒推上了最高點，葡萄胎、子宮外孕、前置胎盤等等一大堆問題都快把我逼瘋了，我現在真的很需要醫生一句話，告訴我寶寶很正常、很健康！偏偏還無法去看醫生，老公也快被我的情緒化煩死了，所以四處打電話找婦產科醫生，最後終於找到了一家診所願意提早在懷孕第六週就讓我看診。

一到診所，填了一些資料、醫生問了我一些問題之後，就幫我用內檢超音波的方式，看看能不能找到寶寶的心跳。但也許是我太心急了，當時照了老半天就只找到一顆小小小胚胎，於是醫生就解釋，因為現在週數還太小，所以照不到心跳的機率比較大，這是正常的，但如果很想確認是否是健康正常的胎兒，還可以用驗血的方式來判斷。這是因為母體在懷孕時，血液中會還有很高濃度的 HCG，並且會每天以倍數成長的方式增加濃度，醫生打算讓我今天驗一次，明天也驗一次，在看看兩天之間 HCG 指數的變化。

聽了醫生的解釋，我二話不說立馬答應，自費好幾百美

金來驗這個血。我其實是一個極度討厭打針抽血的人，這對我來說是一個非常難以克服的恐懼，但為了確定我到底有沒有懷孕，只好豁出去，連續兩天咬著牙抽血，期望可以收到確診報告。卻也在抽完血後隔天，我的懷孕症狀開始顯現了，每天頭暈目眩、一起床就想吐，不論是坐著、站著、躺著，總是找不到一個能讓自己舒服的位置，完全沒食慾、沒精神，甚至心情差到開始對老公抱怨「為什麼讓我懷孕！為什麼都是我在受苦！為什麼那麼不舒服！才剛懷孕而已，接下來的日子要怎麼過啦！」幸好老公很有耐心，每天不斷地安慰我，被我罵還說對不起，總是靜靜地聽我抱怨。

就在最後一次抽血過後隔了大約四五天，我們滿心期待地複診去。

別跟我開玩笑！

到了診所後，照慣例我又再抽了一次血，隨後被帶到一個診間，一進去我就有點不安，因為這個房間沒有超音波儀器。「咦？這次為什麼不用照超音波？那我要怎麼看寶寶？」

等待醫生來看診的時間好難熬，心中的不安隨著時間攀升，今天到底能不能見到我的寶寶啊？過了十幾分鐘，醫生一臉凝重地走進診間。我永遠都不會忘記，她一臉嚴肅地對我說：「妳的 HCG 抽血指數很不理想，從現在開始，妳隨時都

有可能會大失血導致流產。請記住,當妳失血的時候,一定要去急診室,不要過來診所喔!」

我在打這段文字時,即使已經事隔 3 年了,心還是抽了一下,當時給我的衝擊彷彿歷歷在目。

「我有聽錯嗎?她是說⋯⋯流產?」我用中文傻傻地對站在一旁的老公確認。我以為是我的英文太差,居然把寶寶的狀況聽成流產了,因此老公又再次和醫生確認:「妳是說,我們的寶寶沒有了嗎?」醫生很抱歉地對我們說:「是的,妳太太的 HCG 指數沒有如期的倍數成長,反而倍數下降了,這表示她有極大的機率會經歷失血流產,請你們做好準備,我很遺憾。」聽完這段話,本來一片空白的腦袋,彷彿經歷了一場突如其來的海嘯,所有思緒都還來不及理清,眼淚就無法控制的滾落。

我記不得是怎麼走出診所的,也不記得怎麼回到家的,睜開眼睛時已經天黑了,老公說,我一路哭回家,哭到睡著,他心疼地守在我身邊,一直問我有沒有肚子疼痛或出血的感覺,但我什麼都感覺不到,只有心絞痛的感覺。

我錯了,我以為我沒準備好懷孕,我以為我不會是個好媽媽,我以為懷孕那麼不舒服,所以我不想懷孕,但我錯了,寶寶,我真的很想很想要你留下來!

我越想越不甘心,明明我的懷孕症狀那麼明顯,一直想吐又暈眩,為什麼寶寶突然就要走了?我開始瘋狂上網查,讀了關於 HCG 指數各式各樣的知識與討論,最後,我決定下週

一再去找醫生，請她讓我照超音波！我一定要看到我的寶寶。

峰迴路轉的結果

　　本來預約了週一下午看診，但我實在按耐不住了，一早就打去給醫生大抱怨，質問她為什麼沒有照超音波、沒有幫我安胎、什麼都沒有做就給我的寶寶判了死刑，這是專業的作法嗎？我知道我這樣的行為並不是很理智，但當下我真的理智不了。醫生一被我質問，很無奈但立場堅定地告訴我，通常我這樣的驗血結果，98% 以上的機率就是會流產，還是不斷叮嚀我要注意。我只能說，這幾天我的心情被她的「專業叮嚀」弄得好糟糕，班也不想上了，直接請了假回家躺……沒想到過了幾個小時，我又接到了醫生打來的電話，我其實有點不想要再接她的電話了，心情已經盪到谷底了，她還能讓我在更 down 嗎？

　　沒想到，醫生這次卻說，上次的驗血結果出來了，我的 HCG 指數奇蹟似的又回升了！她說第一次驗的 HCG 指數為 2,800，第二次卻驟降為 1,700，而第三次的檢驗結果，突然變成 58,000！這是什麼神發展？我都還沒反應過來，醫生連忙又幫我安排了隔天的超音波檢查，她說她也沒有遇過這種情形，所以明天直接照超音波看看。

　　雖然明天就要照超音波了，但我還是覺得時間過得好

慢！我甚至上網找有沒有可以在家裡自己照超音波的小儀器，想要乾脆買一台回家照呢！後來真的是找不到這種東西（有人要發明嗎？），為了平撫自己的情緒，我把想對寶寶說的話都寫了下來。

2015 年 11 月 4 日，我在紙上寫下了這段話：

寶寶加油，你明天一定要加油，讓醫生看到你喔！心臟要努力的跳，讓醫生看看你有多健康，她之前以為你不健康要離開媽媽了，媽媽哭了一整天，但是媽媽相信你！我們一起加油，讓所有人知道你是很健康的乖寶寶！

走進超音波室這一天，大概可以榮登我人生最緊張的一刻，我躺在黑壓壓的房裡，握著老公的手，盯著架在天花板上的螢幕看。我看到了，他在那裡，他好好的在我肚子裡，而且還長大了！我看到在正中間還有一顆小小的點在閃爍，超音波師笑著說：「恭喜妳，寶寶有心跳囉！」然後他把寶寶的心跳聲打開給我們聽，天哪，這是我這輩子聽過最美妙、最感動的節奏！ 像小火車一樣鏘鏘鏘的強而有力。我的寶寶，你真的好棒！我在超音波室激動得哭了，這一刻我明白了，原來這就是當媽媽的感覺啊！

隔天醫生收到超音波師的報告後，打了電話來向我恭喜，並且很誠實地對我道歉。原來她將第一次與第二次的驗血結果看反了，老實說我內心真的對於她犯的這個錯誤很想吶喊：「為什麼妳的不專業要害我的心情坐雲霄飛車！寶寶明明就健健康康的，要是真的被我傷心過度哭到出事了怎麼辦？」儘管

我當時真的很生氣，但也欣賞她的誠實，我想很多醫生不會自己打電話來承認錯誤吧，而且多虧了她的這個失誤，深深的替我上了成為媽媽的第一課，從現在開始，我打從心底感受到自己真的是一個媽媽了。

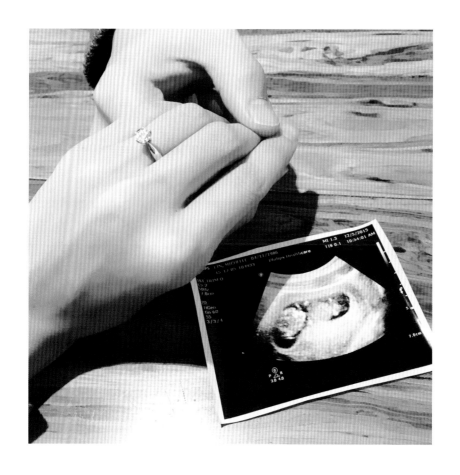

給寶貝的一封信

　　這段誤以為要失去寶寶了的體驗，深深的讓我感受到，原來我這麼愛我肚子裡的寶寶，剛發現懷孕時的疑惑與不確定感，全都瞬間消失不見了！我現在非常非常確定我非生下他不可，每天只要一有空，我就會寫信給肚子裡的寶貝，我想肚子裡的寶寶一定會感受到我對他的愛，然後努力在我身體裡健康長大！

　　這是我寫給寶寶的其中一封信，現在看到這信，還是會想起差點失去他的那種深刻恐懼，真不敢想像如果哪天我真的失去了孩子該怎麼活呢？

　　親愛的寶寶：

　　媽媽從螢幕上看到你了，有你真好！你在媽媽的身體裡，小小的心臟又快、又有力氣地跳動著，爸爸媽媽都感動得哭了，覺得你真的很棒、很努力！

　　之前醫生不看好你，其他人都叫媽媽放寬心，都說你可

能不屬於這個世界、不屬於媽媽……媽媽想到這裡又忍不住哭了出來，雖然媽媽難過得哭到快不能呼吸了，可是我真的太捨不得你了，心裡也不想放棄你，所以一直抱著希望，沒想到你真的撐過來了！其他寶寶很多都是 9 週才有心跳的喔，你 7 週就有了呢，所以你很強壯，一定！

媽媽的脾氣不是很好，常常擔心，容易緊張又著急，希望你不要像媽媽一樣，媽媽會為了你努力放鬆心情，讓你變成更棒的小孩。媽媽現在常常想吐很不舒服，可是媽媽很開心！因為這表示你很健康，只要為了你，媽媽什麼辛苦都不怕，你只要負責乖乖長大就好囉。

昨天晚上我們說好了，你負責健康、勇敢、努力長大，媽媽負責吃飯、保持好心情，我們都要努力做好我們的責任，再 8 個月我們就可以見面囉！媽媽會一直親你的小臉，每天抱你、照顧你、保護你，為了這一天的到來，我們打勾勾一起加油喔！

2015.11.6

雖然最終只是虛驚一場，但幸虧有了這樣一場誤會，讓我開啟了內建母愛、決心要好好地珍惜肚子裡的寶寶，細細品嚐懷著他的每一天。

我的懷孕旅程，就這樣開始了。

孕妹好想運動
怎麼辦？

打破孕期運動的 12 個迷思

在孕期間好好照顧自己的方式，除了學會放鬆心情之外，其他不外乎就是飲食與運動了。進入主題前，還需要先看看關於孕期運動的觀念，以及導正迷思，有了正確的觀念，遇到問題才能做出正確的決定喔！

關於孕期運動的 12 個迷思

「我懷孕了，還能運動嗎？」

「我本來沒有在運動，我懷孕後是不是也不要運動比較好？」

「我懷孕以後變好胖！可以這時候減肥嗎？」

「我也想要有腹肌的孕肚，我現在懷孕 3 個月了，還能做腹肌運動嗎？」

以上這些都是我每天都會被問到的問題，在懷第一胎兒子時，我對於孕期運動也是充滿迷惘與不安，平時就有運動習慣的我，在懷孕後非常無所適從，很不想中斷本來的運動習慣，但又深怕會傷害肚子裡的寶寶，因此各位孕妹們我懂妳，所以我將一般孕妹們對於孕期運動的迷思整理如下，在開始孕動計劃之前，先了解過去的妳對於孕期運動有哪些誤解吧？

迷思 1 如果孕前沒有運動習慣，那麼懷孕了也不要運動比較好。

如果妳在懷孕前完全沒有運動習慣，那麼懷孕後的確不是一個好時機「把自己鍛鍊成運動員」，但不代表妳更適合在

孕期的這十個月窩在沙發裡當一顆馬鈴薯。孕期其實也是運動的好時機，因為懷孕可能會帶來妊娠糖尿病、高血壓等等與肥胖有關的疾病，因此在孕期間做好飲食控制及適量的運動，對於孕婦及胎兒都很有益處。

迷思 2　跑步對寶寶不好。

　　只要妳的韌帶與關節都能負荷，在這樣條件的安全範圍內，跑步是沒有問題的。我們的寶寶在我們的肚子裡面有重重的保護，跑步的時候，寶寶其實正在我們的羊水裡面游泳呢！不過在孕期前 3 個月，因為胚胎並不穩定，且每個人體質都不同，一定還是要透過醫生檢查，確認妳的身體與寶寶都很健康，才能開始新的運動計畫。

　　有時候懷孕初期出血，並不全然是因為運動的原因，受精卵著床就像一顆種子種在我們的子宮內膜中，著床的深度、著床的位置、著床時子宮環境的健康度等各種因素，都影響著胚胎的健康，有些人並不知道自己懷孕了而持續進行運動，出血之後就認定是因為運動的影響，其實很有可能是因為胚胎本身就不太穩定的緣故造成，若胚胎本身並不健康，子宮環境也不適合懷孕，那麼即使只是打個噴嚏也會容易出血，必須躺著安胎才能確保胚胎安全長大。所以在運動前，務必要先了解自己的身體適不適合在孕期運動唷！

迷思 3　在孕期有任何出血、疼痛等情況發生，表示整個孕期都不能運動？

　　孕媽咪們在運動前的確需要特別注意自己的身體狀況，

並且絕對必須要先詢問過醫師，確認寶寶與母體沒有特殊不良狀態才能在醫師的建議下開始運動。當有任何出血、下腹疼痛、頭暈等狀況發生的時候，第一時間就是要停止運動，以寶寶的安全為第一考量，但並不代表之後妳就不能再運動了。出血、頭暈等狀況的原因有很多，懷孕初期的著床會有正常少量的出血，或是在醫師內診後也會正常性的少量出血，孕期間缺乏水份的攝取也會導致頭暈、宮縮的情況發生，因此當妳有出血、腹痛、任何不適情況，主要還是由專業醫師替妳診斷原因後，在諮詢醫師是否可以繼續運動。

迷思4 運動會消耗媽媽身體的營養，而影響寶寶吸收的營養量？

事實上，妳肚子裡的寶寶並不會因為運動消耗了身體的能量，而影響到寶寶對營養的吸收，妳只需要在運動前、中、後都記得補充足夠的碳水化合物，透過少量多餐以確保維持體內血糖的水平；科學研究顯示，孕期有運動的媽咪所生出的寶寶，反而較不易肥胖。

迷思5 孕期間運動的越多，益處越多？

孕期運動確實對媽媽與寶寶都非常有益處，不過並不代表運動量越多越好。過量的運動，可能導致媽媽脫水、寶寶缺氧及其他可能的運動傷害，因為懷孕時，身體會分泌使韌帶、關節等都變得鬆弛的賀爾蒙，因此孕期運動不宜過量，否則會比孕前更容易超過身體能負荷的程度。懷孕期間並不是一個增加運動與訓練強度的好時機，運動的重點主要針對在維持體能

即可。聆聽身體的聲音，量力而為。

迷思6 孕期運動可以幫助減重嗎？

在討論這個問題前，應該先了解「減肥」與「減重」的差別。減肥所減的是肥肉，也就是脂肪，而減重減的是體重，包含在體重數字裡的重量有肌肉、水分、脂肪，在懷孕後，還多了增加血流量的重量、胎盤、羊水、持續長大的寶寶等，若我們錯將孕期運動的目標擺在減重，並且使用不正確的方式來達到減重目標，是對寶寶與自己都非常危險的一件事。

因此雖然許多醫生都告訴我們，孕期不要讓體重上升太多，電視報導女星、名人、部落客們孕期間才胖幾公斤而已，這些都只是在提醒孕媽咪們要在懷孕時做做運動、吃健康營養的食物，不要讓「脂肪」上升太多。減脂時，身體必須持續地處於熱量缺口的情況下一段時間，並給身體一些時間來適應這樣的環境改變，待賀爾蒙調適後才會開始健康有成效的減脂，否則所減的體重都將只會是肌肉與水分。

由此可知，孕期並不是一個適合減脂的好時機，懷孕時，身體的各種賀爾蒙都產生了變動，並且為了確保胎兒的營養，也不宜長時間的造成熱量缺口，此時過度的運動、過度的節食都將使胎兒與母體承受營養不良的風險。因此，孕期的飲食及運動計畫的目標，在於確保媽媽與寶寶的健康與活力，勝過於減肥與減重。

迷思7 孕期間做肌力訓練會受傷。

懷孕期間的確會分泌一種叫做「鬆弛素」的賀爾蒙，這

個賀爾蒙的目的是為了讓孕妹們的韌帶、關節等等都變的較有彈性，讓身體得以因應新生命在我們的身體裡面慢慢長大，而這個賀爾蒙的確會使我們較懷孕前還要容易受傷（不只是運動，跌倒時扭到腳、拿重物過度使用關節力量等等都較容易受傷）。然而，懷孕期間運動其實並不需要因為這個賀爾蒙這麼膽戰心驚，只需要把握好「循序漸進」的訓練法則，事實證明這對孕婦是無害的。

有一項研究針對 32 位懷孕 21 至 25 週的孕婦們，進行為期 12 週的研究，讓她們一週進行兩次肌力訓練，並且每週都比前一週增加 36% 的重量，在實驗結束後，沒有一位女性受傷，不過研究有特別指出，強度過高的肌力訓練會導致血壓上升，所以在做肌力訓練的時候必須非常注意強度與自身能負荷的程度，若有感到暈眩或任何不適，必須立即停止運動。若妳在孕前並沒有做過肌力訓練，在懷孕後想要嘗試，請務必請專業教練指導，循序漸進、量力而為地慢慢安全的鍛鍊肌肉唷。

迷思 8 懷孕不能做有氧運動。

有許多人認為有氧運動會導致胎兒缺氧，但其實基本上懷孕期間，常見的有氧運動都能做，除了某些較不安全、容易摔倒的運動，例如：越野單車、衝浪、騎馬等，衝擊性較高的運動該避免之外，一般性的游泳、慢跑、快走、橢圓機、室內腳踏車機等運動都可以做。而懷孕期間在做有氧運動的時候，須確保在整個運動過程都要能順暢的談話，切勿過喘、過度換氣而影響寶寶養分的輸送。

迷思 9 孕期間絕對不能鍛鍊腹肌。

　　許多孕妹似乎認為寶寶是在我們肚子裡腹肌外側與肚皮之間長大，有的人甚至會以為我們的肚子在懷孕的時候，全部裝滿了寶寶，腹肌可能融進子宮裡了，以至於認為懷孕的時候鍛鍊腹肌，會傷害我們的子宮與寶寶……

　　事實上，寶寶在我們的「腹肌下」長大，而我們的腹肌，就像肚皮一樣會隨著寶寶逐漸長大而持續伸展。在孕期間，孕妹們的腹圍可能會增加 50 公分之多，而我們的腹部肌肉可以伸展至 20 公分之多。由於腹肌位於子宮與皮膚之間，有力量的腹肌反而可以將寶寶安穩地穩固在妳的肚子上。

　　孕妹們在懷孕期間可以多做「腹橫肌」的運動，腹橫肌就像一條皮帶一樣橫向的圍繞在我們的腹部的深處，有力的腹橫肌可以幫助你更有力量的將大肚子綁在身上，並且有力量的核心肌群也能幫助生產。

　　此外值得注意的是，孕妹們在第一孕期後，鍛鍊腹肌時必須特別注意會壓迫背部的運動動作，例如仰臥起坐、躺在地面上的捲腹等等，因為長大變重的子宮很可能會壓迫靜脈，使血液回流到心臟，造成頭暈目眩或噁心等症狀，最好利用鍛鍊基礎核心的方式，或是站立姿式鍛鍊腹肌來取代仰躺的腹肌運動。

　　另一個關於腹肌的問題，就是腹直肌分離的狀況。因為懷孕時肚子會不斷長大、肚皮與腹肌會不斷伸展，導致我們兩條腹直肌逐漸往兩旁分開如下圖：

　　這是自然的現象，在生產完後會逐漸恢復，但少數女性

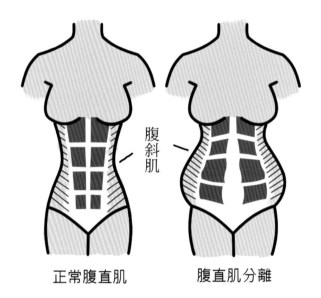

腹斜肌

正常腹直肌　　　腹直肌分離

會無法恢復得很好，必須靠鍛鍊甚至是手術將腹直肌分離的
症狀調整回來。因此在孕期間，為了不要讓腹直肌分離的太
嚴重，我們可以避免做「腹斜肌」相關的運動，從上圖可以看
到，腹斜肌在我們腹直肌的兩側，如果過度鍛鍊腹斜肌，發達
緊繃的兩側肌肉，會把我們的腹直肌往兩旁拉去，導致懷孕期
間的腹直肌分離越來越嚴重了。

孕妹在孕期做腹肌訓練時需注意：

1. 第一孕期後，不要讓背部直接仰躺在地面上作運動。
2. 可以站立的方式鍛鍊腹肌，或是多鍛鍊基礎核心取代針對腹部
　 的運動。
3. 盡量避免鍛鍊腹斜肌。
4. 可以多鍛鍊腹橫肌。

迷思 10 如果孕前的運動量很大，那麼懷孕後必須要降低運動強度很多很多才安全。

其實若你的醫生認為可行，並且妳的身體感覺維持一樣的運動量與強度並不會不舒服，那麼這樣的運動強度其實是可以維持下去的。不過必須注意的是，在懷孕初期如果體溫過高，可能會對子宮有不良影響，所以在運動時記得隨時補充水分，也避免穿著不透氣的衣服，在高溫艷陽下運動，注意體溫的調節。

美國婦產科醫師學會（American Congress of Obstetricians and Gynecologists）早在 1985 年，就有針對孕產婦的運動健康做指引，該指引有詳細的建議孕婦運動的種類限制、運動時間長度、運動強度等，當時 ACOG 建議孕婦運動不要超過 15 分鐘，並且心跳率不要超過每分鐘 140 下，體溫不應超過 38 度C。

然而，在 1994 年的時候，ACOG 對於孕婦運動的指引做了變更，將對於運動時間長度及心跳率限制的規定移除了。近年來的研究顯示，其實孕婦實際上能做的運動強度比過去認為的還要高，孕妹在運動的時候可以透過「談話測試」來確認當下做的運動是否恰當安全，「談話測試」就是在孕妹運動的時候，依然可以順暢的談話的程度，就表示這樣的運動強度是安全的，而且每個人年齡、心肺功能等狀況都不太一樣，設定一個固定的心跳率做為安全基準其實並沒有太大的意義。

迷思 11 孕期運動的強度沒有太高，所以不必額外做暖身與收操。

懷孕期間，肌肉、關節、韌帶已經比孕前更容易受傷了，若沒有足夠的暖身，肌肉、關節、韌帶的溫度不夠高，會更加容易受傷。而運動後至少要有五分鐘的收操也一樣重要，因為在突然停止運動後，會使得肌肉充血，對於孕媽咪與寶寶的血流量有較不好的影響，也較能避免頭暈、虛弱無力、噁心嘔吐等情況發生，所以對孕婦來說，在運動後循序漸進的緩和收操也非常重要。

迷思 12 並不是每一種運動都適合孕婦。

任何需要良好平衡感，像是騎腳踏車、滑雪、溜冰的運動，即使這些運動是妳本來就熟悉的運動，在懷孕後還是盡量避免較安全，因為在懷孕期間，我們的平衡感、穩定度會因為鬆弛素賀爾蒙的分泌，而提高了受傷的風險；其他例如一些高風險的球類運動，例如棒球、排球、籃球等等，高衝擊性且讓孕肚暴露在容易被球擊中風險的運動也應該避免，所以確實並非所有運動都適合孕婦。

Chapter 2

懷孕初期

的身心變化、運動及飲食建議

懷孕日記
（第 1 週至第 12 週）

　　懷第一胎時，因為當時醫生誤診，我以為自己要流產了，所以精神壓力比較大，加上是第一次懷孕，會一直擔心東擔心西，只要身體有一點不舒服、哪裡突然痠痛、哪裡覺得怪怪的，就會很緊張的趕快 google 找答案，想知道別的孕妹也有跟我一樣的狀況嗎？懷孕這樣是正常的嗎？第一次感覺到肚子裡有一個人，肚子悶悶脹脹、頭暈、食欲差、孕吐、厭世……等等這些體驗全都是第一次！

　　而關於心情情緒起伏的變化大概是：

　　「突然懷孕了，我真的準備好了嗎？」

　　「這麼不舒服，什麼事都不想做，這種胎教對小孩好嗎？」

　　「他在肚子裡面應該就感受到我的不開心、我的猶豫，等他出生他一定會很討厭我。」

　　「連我最愛的披薩我看到就想吐、我最愛逛網拍也完全沒興趣，我活著有意義嗎？ 我都這樣想了，我的小孩怎麼會是個開心的寶寶？」

　　以上的自言自語，就是我懷第一胎時每一天的內心寫照。簡單來說，就是因為身體不舒服、以及對未知的未來，而時常發生自我懷疑的情緒。這段期間也有很多本來正在進行的計畫，或是很多想做的事都停擺了，也很懷疑我的人生是否會因為結婚、懷孕、生子而永遠卡在這個地方了。

　　在第一孕期的那段期間，我非常努力地想要吃健康的食物，畢竟懷孕前的我，就是每天吃原型食物、大量蔬菜、糙米、番薯、雞胸肉等等，配合健身運動，過著輕盈健康的生活；突然間，這些我喜歡的

食物們開始讓我一看到就反胃、一聞到就想吐，反而是吃垃圾食物才比較有辦法吞得下去，本來很抗拒吃那些對自己和寶寶身體都很不健康的食物，但隨著對健康食物孕吐反胃感越來越嚴重，再不吃東西，我連站起來的力氣都要沒有了，這才開始接受吃一些能吞得下肚的食物。

我想是因為我孕前有把身體的底子打好吧？ 孕前體脂大約只有 17%，肌肉量也還可以，生活作息很規律、每天運動，飲食均衡又健康，所以在懷孕的時候吃了垃圾食物，反而沒有變胖或便秘等問題，只不過對於體態觀察比較細微的我，發現懷孕前三個月時雖然肚子沒有變大、腹肌線條都還是很明顯，但是每週都有漸漸感覺到腰、臀變寬了，果然懷孕時鬆弛素的分泌是真實存在的，就算寶寶還沒長大，尚未從身體裡面把我的骨盆撐開，但身體正逐漸為孕育這個小寶寶而做準備中，當時每天照鏡子觀察著自己的身體，都會覺得人體好不可思議！

孕初期的我經歷了滿大的心理變化，自我懷疑、身體不適、厭

世、對原本熱愛的事物都失去了興趣，時常會有罪惡感、不安感、愧疚感、擔憂、緊張等情緒出現，畢竟多一個生命加入這個家庭，即將面對的未知實在太大了，加上賀爾蒙急速的大量分泌，在這段時間難免會有較大的情緒起伏，但我現在回頭看看自己當時寫下的憂鬱文字，還會忍不住心頭一驚，覺得負面的情緒真的很可怕！

　　各位孕妹，如果你在孕初期遇到什麼困難、傷心憂鬱的事情，請千萬讓自己緩一緩，不要在這段時期做任何重大的決定，記得一定要多找身邊親近的家人、朋友好好聊一聊，就算心情沒有變好，但也不要輕易讓負面情緒拖著自己去做任何決定喔！

1

身體的變化

　　即使在短短三年內生了兩胎，但我敢說，如果再懷上第三胎，我一定還是會無法完全適應自己懷孕的身體。從受孕的那一刻起，我們的身體分分秒秒都在發生變化，而我們的心理更是無時無刻都在適應這些改變，我覺得上天讓女人擁有孕育下一代的能力，是給我們的最珍貴的禮物，這近十個月的歷練，使我們從女孩變成女人，從愛自己延伸為愛全家人，我們在短時間內不斷的晉級、變得強大，所以在孕期間，絕對要用心的照顧自己的身體，將自己準備好，在產後才有足夠的力量應對新生活的改變。而在孕期間好好照顧自己的方式，除了學會放鬆心情之外，其他不外乎就是飲食與運動了，以下是我記錄下自己在兩次懷孕的歷程中，身體上有些什麼變化？我如何為自己安排飲食與運動？

血液供應方面

　　在第一孕期，我們的身體會開始分泌一種很重要的賀爾蒙——鬆弛激素，這個激素可以使我們的韌帶、關節變得較鬆軟，讓我們的身體能夠容納一個寶寶；而鬆弛素的分泌，

同樣也會使得我們的血管擴張，然而大多數的孕妹身上血液供應量增加並沒有那麼快，由於血管的擴張但血液總量沒有同時上升，就導致了血流量不足。當這個情形發生的時候，流經心臟、動靜脈的血量不足，心臟打出以及流回心臟的血液量都下降了，此時可能造成一定程度的血壓下降，導致了噁心、暈眩、頭昏眼花等症狀發生，大多數孕妹晨吐的原因多半歸咎於此。

心血管系統方面

在懷孕以後，由於母體胎盤與胎兒之間的循環作用，心血管系統的變化對母體和胎兒健康的影響非常大。懷孕期間為了給予胎盤適當的養分，並準備分娩時所需的血液，所以我們在懷孕時的血液量、心輸出量和心跳率都會增加。

懷孕期間，我們的血管會變得比較柔軟，且會因為血液量增加而被伸展，可能形成靜脈腫大、痔瘡和腫脹的情形。但有些孕妹的血管不會被撐大反而會縮窄，進而造成血壓上升，亦即妊娠引起的高血壓，這是非常危險的。

在第一孕期後期，我們的血液量會增加 30%-50% 以代償血流不足的情形（Cunningham, 2005）。這樣的血液量增加，則成為另一個第一孕期常見狀況的症狀——水腫。水腫在懷孕初期是很常見的，身體為了製造新的血液，便需要保留水分以轉換成血漿。

在第一孕期之後，處於仰躺的姿勢時，由於逐日增大的

子宮會壓迫到下肢靜脈，使得靜脈血液回流減少、心臟輸出的血量與血壓下降，因此有些孕妹可能會出現仰臥低血壓症候群（Supine Hypotension Syndrome）。但無須過度擔心，如果改為側躺姿勢的話，就可以消除這種症狀。此外，在處於站立姿勢時，同樣可能造成血液滯留在下半身，回流到心臟的血液量減少，也有可能會發生低血壓的情形（Orthostatic Hypotension）。

心輸出量（cardiac output）是指每分鐘心室輸出的血量，在我們未懷孕時，我們的心輸出量約為每分鐘 70 毫升，在我們懷孕之後，心輸出量在懷孕 20 至 24 週時，最大可增加到 40%。由於這個循環系統額外的負擔，心跳率在第一孕期每分鐘可能增加 10 下。由於心輸出量的增加，孕妹的心跳可能會有不規律的情況，所以我們在孕期間感受到些微的心悸，或是心跳加速是很常見的，此現象在 20 至 24 週時最為明顯，通常在分娩後六週內得到緩解。

妊娠高血壓的症狀：

● 水分滯留。

● 突然的水腫。

● 視力模糊。

● 嚴重頭痛。

★ 孕婦應定期測量血壓，以監測血壓變化。

低血壓症候群的症狀：

● 反胃。

● 暈眩。

● 呼吸困難。

★ 仰臥或站立時容易出現症狀，此時改為側臥或坐下即可舒緩。

核心體溫

由於劇烈的體溫上升可能導致胎兒的發展問題，因此體溫過高，是我們懷孕後醫生常常會叮嚀的一點。在我們懷孕後，我們的核心體溫會略為下降，也會在較低的溫度下出汗，這些改變可以讓我們在懷孕時免於體溫過高的風險。這也解釋了為什麼我們在懷孕時常覺得自己很怕熱。

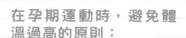

在孕期運動時，避免體溫過高的原則：

- 避免運動時戴帽子
- 不要在潮濕悶熱的環境中運動
- 穿著寬鬆的衣服
- 運動的環境保持通風良好
- 運動時隨時補充水份

除了我們自身的生理反應之外，運動也會使得體溫容易散熱，所以就算活動量大，孕妹們也不必擔心體溫過高，因為我們的身體會自動調節維持相對較低的核心體溫。

體重的變化

孕妹們在第一孕期時，可能會因為孕吐或食慾不振而造成體重減輕，或是因為代謝率轉變，儲存較多熱量及水份而使體重增加。

大多數的孕妹，在孕初期時，體重可能會增加 10 到 15

公斤。若原本已經過重，那麼可能必須增重不超過 7 公斤；若原本已經嚴重過重，則不應再增加體重，過重的孕妹們應依照醫師指示調整飲食及追蹤增重速度，以免影響自身及胎兒的健康。

我們在整個懷孕週期的增重速度並不會相同且平穩，多數的孕妹在 20 到 28 週之間會增重最多。所以在懷孕 20-28 週時，體重突然相對不平穩的驟升，也不必太過擔心緊張，只要確保飲食與生活均衡健康，就無須擔心會變胖過多。

其他可能發生的狀況

其他懷孕初期的身體變化，還可能包括了分泌物增多、乳房變大、便祕、毛髮量變粗、變多，嗜睡、牙齦發炎、體味變重等等症狀。

① 分泌物增多

在我們懷孕初期的第五或第六週之後，因為賀爾蒙的分泌發生改變，黃體素的分泌變多，會使得我們的分泌物增加，這是正常的現象；但如果出現了白帶異常，例如奶酪狀或乳白、黃綠色濃狀的分泌物，並且感到外陰部搔癢，就必須要及時就醫。平時也要多注意私處的清潔，穿著透氣棉質的內褲，作息正常、避免熬夜、飲食清淡。

② 乳房變大

從孕初期開始，賀爾蒙的變化，也會使我們的乳房變大，有時會伴隨著疼痛或腫塊，出現腫塊無須過度擔心，這是由於我們懷孕時分泌了大量的雌性激素所導致，同時我們的乳頭顏色也會變深、乳房表面可能會出現靜脈曲張的現象。懷孕期間記得穿著舒適的內衣，如果乳房疼痛比較明顯，可以用冷毛巾冷敷乳房來緩解。

③ 消化問題及便秘

懷孕時分泌的黃體素，也會使我們的消化系統變得緩慢，所以我們在懷孕時常會感到噁心、脹氣，若是沒有攝取足夠的水分與纖維質，也會導致便秘。因此在懷孕時要多吃高纖的食物，飲食盡量清淡及大量飲水，就能避免便秘的發生。

④ 嗜睡

在懷孕初期，孕妹們也可能會發生嗜睡的症狀，因為這段期間我們的賀爾蒙分泌產生變化、新陳代謝加速、體內的能量消耗的也很快，血糖無法充裕的供應我們懷孕初期的身體，所以時常會有昏昏欲睡的情況發生。

⑤ 體味變重

懷孕初期也可能會發生易流汗、體味變重的情況，主要是因為肚子裡的寶寶需要從母體吸收營養，我們身體的新陳代謝也會加速，出現能量消耗，能量不斷消耗的時候，體溫就會升高導致流汗，加上賀爾蒙的變化也可能使體味改變，所以要

多注意清潔與穿著透氣舒適的衣物。

⑥ 毛量變多變粗

　　此外，許多人在懷孕期間，會覺得身上的毛髮量變多、變粗了，這也是因為賀爾蒙的分泌產生變化所導致，這些毛髮，會隨著我們產後賀爾蒙再度改變而開始落髮，這是產後的正常現象，不用過於憂心。這個時候頭髮只是在轉變回懷孕前的狀態，並且在寶寶滿一歲前，頭髮的狀況會有所好轉囉。

⑦ 牙齦發炎

　　有的孕妹在懷孕時會發生牙齦發炎的情況，因為懷孕時賀爾蒙的分泌，會使得牙齦在此時變得比較敏感，對於牙菌斑的毒素反應也會比較明顯，所以比較容易出現牙齒相關的問題。有的人在懷孕後會發生牙齦腫大、牙齦容易出血，可以透過每天仔細的清潔口腔、採用軟毛材質牙刷改善這些問題，但若牙齦問題嚴重，一定要及時就醫。

開始孕動前必讀！

在我們開始聊孕期運動前，一定要先注意以下孕期運動的一些限制，確保將孕期運動的風險降到最低。

如果你的婦產科醫師指出你有下列症狀者，懷孕期間應避免運動：

- 經歷三次或三次以上的自發性流產。
- 羊膜破裂。
- 早產。
- 子宮頸閉鎖不全（子宮頸異常柔軟並較正常狀態及擴張）。
- 前置胎盤。
- 多胞胎。
- 妊娠高血壓。
- 明顯已知的心臟疾病或心瓣膜疾病。
- 肺部疾病（嚴重的氣喘）。
- 二、三孕期持續的陰道出血。

如果你的婦產科醫師指出你有下列症狀，孕期運動應有專業醫療與運動專家的協助：

- 嚴重的貧血或缺鐵。
- 孕婦明顯的心律不整。
- 慢性支氣管炎。
- 第一型糖尿病患者（未控制妥當）。
- 極度的病理性肥胖。
- 體重極度不足（身體質量指數低於 12）。
- 孕前嚴重的坐式生活型態（完全久坐的生活或工作型態）。
- 胎兒子宮內生長遲滯（寶寶比預期生長的小）。
- 控制不良的高血壓。
- 骨科疾病的限制。
- 飲食失調。
- 嚴重菸癮。

在開始任何運動計畫之前，切記務必諮詢妳的婦產科醫師，請他專業判斷妳的母體與胚胎是否健康穩定，是否適合運動。

執行孕期運動時，有下列一些重點要注意：

- 運動前一定要做好熱身運動。
- 在第二孕期開始後，盡量避免仰躺在地面上的運動姿勢。
- 避免在潮濕、悶熱的環境裡運動。
- 穿著舒服透氣吸汗的衣服運動。
- 穿著支撐度、包覆性好的運動內衣。
- 運動的前、中、後都要補充大量的水分。
- 記得為運動多攝取額外的卡路里，以供應母體能量及寶寶的營養。
- 避免彈跳、衝擊性高的運動，以降低運動傷害的風險。
- 避免做重心較不穩定的動作，例如單腳站立、單腳跳等容易跌倒的動作。
- 整個運動過程都要能順暢的談話。
- 不熟悉的健身動作不要輕易嘗試，一定要有專業教練指導才能進行。

在運動中、後，若有下列情況發生的時候，應立即停止你的運動計畫，並且馬上諮詢醫師：

- 陰部出血。
- 頭暈目眩。
- 呼吸困難。
- 胸悶胸痛。
- 頭痛。
- 肌肉無力（不是運動的無力，偏向感冒發燒時的全身無力狀態）。
- 嚴重水腫。
- 子宮收縮。
- 胎動明顯減少。
- 陰部有不正常分泌物。

孕期運動有什麼好處呢？

　　研究顯示，孕期中運動的孕婦比起孕期中沒有運動的孕婦，增加較少的體重（Clapp,2002）。在一項研究中指出，懷孕期間有運動的孕婦比起沒有運動的孕婦，整個孕期增加的體重會少 3 公斤，且脂肪增加量少 3%。

運動對生產與分娩的助益

　　另外也有研究指出，有運動習慣的孕妹有較短、較輕鬆快速的分娩過程（平均少於兩小時）。在整個孕期中有規律運

動習慣的孕妹比起沒有規律運動的孕妹，生產的日程較早 5-7 天。此外，比起完全沒運動或是中途停止的孕婦，規律運動所產下的嬰兒有較輕的體重（仍為健康的體重）。Clapp 的研究也指出有規律運動習慣的孕婦比起不運動的孕婦，剖腹產的機率降低 24%，且較不易產生併發症。

在〈Journal of Sports Medicine and Physical Fitness〉的一個研究發現，有較佳身體狀況的孕婦在分娩時感覺較不困難。有運動的孕婦比起較少運動的孕妹，在「伯格氏自覺用力係數*」上有較低的指數、感受分娩過程較為短暫，這可能是因為平時的運動習慣，導致他們可以接受更多的不適感。

其它值得注意的 Clapp 的研究結果指出，有運動的孕婦們：

- 對止痛藥的需求較低 35%。
- 妊娠力竭的發生率較低 75%。
- 人工破水的需求較低 50%。
- 需要使用催產激素刺激分娩的機會較低 50%。
- 因胎兒心跳異常而需要介入分娩的機會較低 50%。
- 需要執行會陰切開術的機會較低 50%。
- 需要手術介入的機會較低 75%（如夾鉗或是剖腹）。

註：伯格氏自覺運動係數，出自於「伯格氏自覺運動量表」（Borg's rating of perceived exertion scale，簡稱 Borg's RPE scale）。這種量表是透過知覺上的努力程度判斷，整合肌肉骨骼系統、呼吸循環系統與中樞神經系統的身體活動訊息，建立每個人身體活動狀況的知覺感受。

某些研究也指出幾個令人信服的理由鼓勵孕婦在整個孕期中持續地運動

- 在第一孕期開始運動，但第二、第三孕期停止運動的孕婦，比起完全沒有運動的比起完全沒有運動的孕婦，最後增加的體重明顯的比較多。
- 從事較多有氧運動的孕婦比起久坐不動的孕婦，在分娩後回到懷孕前的體重的速率較快。

★特別注意★
孕期維持運動習慣不只對媽媽好，對寶寶也很有好處，只是一定要視自己身體的情況唷！

3

第一孕期
適合什麼運動呢？

　　了解了我們在第一孕期身體的變化，可以發現在第一孕期時，我們身體的變化主要在於心血管、體溫以及其他一些外觀看起來並不太明顯的些微改變，此時寶寶在我們肚子裡像顆小小種子一樣，體積與重量都尚未對我們的身體造成負擔，所以第一孕期在整個孕期中是一個緩和鍛鍊肌肉與肌耐力的好時機，以為之後越來越大、負擔越來越重的身體做好準備。

　　隨著寶寶在我們的身體裡越長越大，我們的肚子會越來越重，如果沒有有力量的臀腿肌肉以及核心肌群支持，孕妹們到懷孕後期甚至會寸步難行；此外，生產後我們的骨盆底肌會變得很沒有力量，而且骨盆底肌也是生產寶寶非常重要的肌肉，所以在第一孕期時，可以趁寶寶還只是顆小種子的時候，針對核心肌群、骨盆底肌、上半身肌群及臀腿肌群做鍛鍊。

肌群介紹

核心肌群

　　核心肌群主要位於軀幹部位，是人體最基本、相當重要的肌群，因為在生活中無時無刻都會使用到這些部位。人體靠肌肉來支撐骨架和對抗地心引力，核心肌群是維持人體良好姿勢及保護脊柱穩定的重要角色，所以一旦核心肌群不夠力，受傷的風險也比較高，身體也容易痠痛，而且，肌肉支撐力量不足以維持好的脊柱排列，也可能造成椎間盤相關病變。此外，

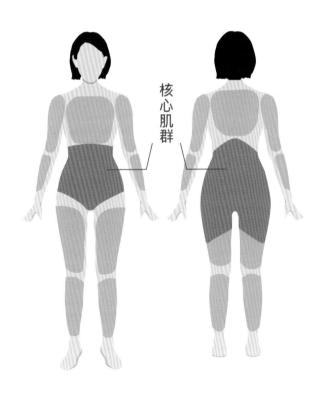

核心肌群

也有許多研究指出，核心肌群的肌耐力不足，容易造成運動時或運動後的下背疼痛，因此核心肌群的鍛鍊對於大腹便便的孕妹們更顯重要喔！

上半身肌群

在書中，我將「手臂肌群」、「體前肌群」及「體後肌群」統稱為「上半身肌群」，對孕妹來說比較好記憶！手臂肌群由二頭肌、三頭肌等組成，幫助支撐、提升負重能力，加強此處肌群有助於打造緊實的上手臂、甩開掰掰蝴蝶袖！而體前肌群如胸口處的胸大肌、胸小肌，位於胸部兩側，主要協助手臂及肩膀的活動，另外，經常鍛鍊體前肌群可以幫助胸型更豐挺唷！體後肌群主要由斜方肌、闊背肌、菱形肌組成，是身體第二大的肌群，適度鍛鍊不僅能保護脊椎，還能改善駝背、美化體態。

孕妹們針對上半身肌群來鍛鍊，除了有上述好處之外，最重要的就是為了以後扛起甜蜜的負荷（抱寶寶）來做準備啦！

臀腿肌群

臀腿肌群主要是指分布於骨盆周圍，如臀部、大腿、小腿部位的大片肌群，與行動速度和敏捷度息息相關，當下肢肌肉強健了，行走跑步就比較不易疲憊，還能減少下半身水腫、關節不適的狀況。因此孕妹們訓練臀腿肌群的話，可以讓穩定度更好，對自己與對寶寶都相對安全喔！

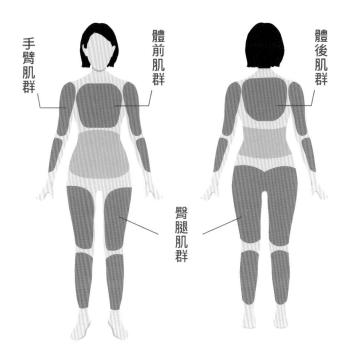

手臂肌群

體前肌群

體後肌群

臀腿肌群

核心訓練

　　在懷孕時訓練腹肌是否仍舊安全呢？答案是肯定的，強壯的腹肌能夠撐起胎兒成長的重量，並分攤那些過度使用的下背肌群的負擔。有很多孕妹在懷孕中期到後期，開始會出現下背肌緊繃痠痛的情況，主要也是因為核心力量不足，造成身體的重心改變，增加了下背肌的負擔所導致。有力量的核心肌群，也能在分娩時幫助推送寶寶，強壯的核心也能幫助我們產

後復原得較快。

在前面關於孕期運動的迷思中有提到（請見第 37 頁，迷思 9)，我們孕期鍛鍊腹肌時，不應著重在練出六塊肌或馬甲線，應將訓練重點擺在腹橫肌的斷練，腹橫肌就像一條皮帶一樣橫向的圍繞在我們的腹部的深處，有力的腹橫肌可以幫助我們更有力量的將大肚子綁在身上。腹橫肌是幫助維持孕妹健康及良好姿勢的關鍵肌肉。

腹橫肌如何鍛鍊呢？其實一點都不難。躺在床上、坐在椅子上、跪在地板上都能做，我自己覺得剛開始的時候用跪著比較抓的到感覺：

1. 先吸氣感覺肚子充滿氣。

2. 慢慢吐氣，吐氣時肚子跟著內收，想像肚臍一直往脊椎的方向推推推，收到最極限的時候停留在那個位置 Hold 住、靜止不動。可以輕微呼吸不需要憋氣，但是感受身處那個肌肉收緊，大概是那種大笑或是咳嗽肚子痠痠的地方。

3. 直到撐不住後，再放鬆肚子回到原狀。一天可以做個 3 至 4 組。

其他適合第一孕期的緩和核心運動，如下列動作：

鳥狗式

核心

1 呈四足跪姿,膝蓋位於髖關節正下方。

2 雙手打直,手掌平貼在地板上,位於肩膀正下方。

3 頭部、頸椎、脊椎呈同一直線,背部保持平直,注意切勿聳肩成圓背姿勢。

4 收縮軀幹的肌肉力量(核心),保持身體的穩定。

5 慢慢將右腿抬高、向後延伸至臀部的高度,同時左手臂也慢慢抬高,向前延伸至肩膀至肩膀的高度。

6 維持此姿勢停留 10 秒鐘,再慢慢回到起始姿勢。

7 注意全程核心都要發力,保持身體的穩定不要晃動。

仰臥屈膝抬腿

1 平躺在地板上，調整腳的位置，使膝關節和髖關節彎曲呈 90 度，將雙手平放於腰部兩側，保持身體穩定。

2 收緊軀幹核心的力量，將右腳慢慢抬離地面，膝蓋保持 90 度彎曲，維持 10 秒鐘，再緩緩放下回到起始姿勢。

3 做此動作時，請注意速度不要太快，目的不是練習腿部的活動度，而是利用腿部緩慢的活動，以鍛鍊核心的穩定。

骨盆底肌訓練

　　有的孕妹在懷孕晚期及產後，在大笑、打噴嚏或是從事心肺運動時，會遭遇尿失禁的問題。因此不僅僅是第一孕期，在整個孕期每天持續進行骨盆底肌運動，可以幫助減緩，甚至是預防此問題。

　　凱格爾運動是一種針對輔助膀胱、子宮以及腸道周圍肌群的訓練，如果我們有強壯的骨盆底肌，同時也會有強壯的腹肌，骨盆底肌與腹肌是具有相關性並且共同收縮的，當骨盆底肌收縮時，腹橫肌亦會自發性的收縮，所以做凱格爾運動時，對骨盆底以及腹肌的訓練是一箭雙鵰的好訓練。

　　找到骨盆底肌的位置與感覺，就像是平時憋尿或是解尿到一半使尿流中斷，或是收起肛門的那一片肌肉就是骨盆底肌。

　　想像你的骨盆底肌是一座電梯，嘗試用不同力度地讓骨盆底肌分三次提高：想像骨盆底肌在一樓（骨盆底肌放鬆）➡ 二樓（骨盆底肌收縮一半）➡ 三樓（骨盆底肌完全收緊）這樣往上拉提，堅持在三樓 3-5 秒鐘 ➡ 最後再慢慢的下降到一樓（慢慢地放鬆）。

　　每天隨時隨地，看電視、搭公車、躺在床上都可以做這個運動，最好一天做 8-12 組，達到鍛鍊肌力的效果。

Tips

1. 避免使用其他部位肌肉例如腹部、臀部、大腿等部位的肌肉。
2. 注意呼吸，在收縮時應緩慢呼吸，避免閉氣用力。

臀腿肌力訓練

在第一孕期的時候，身體的負擔較小、肚子重量尚未變重，身體的重心也還沒到需要辛苦維持的狀態，因此也是個很好的時機將臀腿肌肉鍛鍊起來，腿部肌肉的力量對於孕妹們一樣是非常重要的，隨著寶寶在我們的肚子裡逐漸長大，身體需要負荷的重量也越來越重，不僅是寶寶在長大，脹大的胸部、長大的子宮、胎盤、身體增加的水分與血液，加起來的重量大約可以高達 8 公斤以上呢，如果腿部沒有力氣支撐這些多餘的重量，腿會容易水腫、不適、對髖關節與腰部都會有不好的影響，因此在孕期間適度的鍛鍊腿部，可以確保我們有足夠的體力帶著寶寶健康舒適的生活。

孕期間一樣可以做深蹲、弓步等腿部運動，不過因為賀爾蒙的關係，鬆弛素使我們的韌帶關節都變得比較脆弱，因此在做腿部運動的時候要特別注意姿勢的正確以及放慢速度。

以下為第一孕期時適合做的臀腿運動：

橋式

臀腿

2 懷孕初期的身心變化、運動及飲食建議

1 起始姿勢：平躺於地面，雙腳彎曲，腳掌著地，約與肩同寬。

2 保持背部平直，提起臀部，緩緩向上移動，直到身體、臀部與膝蓋呈一直線。

3 緩緩放下臀部回到起始姿勢。到此為一組動作。

4 注意膝蓋不要往內夾，務必與腳尖呈同一方向。

側弓步

1 抬頭挺胸，雙腳打開與肩同寬。

2 向側邊跨出一大步。當外側的腳碰
地時，將臀部往後推，膝蓋彎曲，
將身體壓低。

3 保持內側的腿挺直，腳穩穩地踩在
地上。

4 當外側大腿與地面平行時，停頓一
下，然後將身體推回到起始位置。

後踢提臀

1 起始姿勢：雙手手掌與雙膝著地，手臂與大腿皆與地面垂直。

2 用臀部的力量，將右腿向後上方伸直。

3 右膝回到地面（起始姿勢），換邊用左腿重複動作。到此為一組動作。

登階

1 將穩固的長凳或椅子擺在面前。

2 面對長凳，雙腳與肩同寬。雙手自然垂下，或者持同重量的一對啞鈴增加阻力。

3 核心收緊，提起右腳，整個腳板踏上長凳。（注意使用臀腿部發力而非膝蓋發力）

4 向上踏，伸直右腳。注意此時要保持平衡，臀與腿肌發力，避免用腳尖發力。

5 與上個動作同時間裡，伸直左腳並將左腳也踏上板凳。

6 右腳向下踏。

7 回地面，接著換左腳。

8 換成左腳開始換邊重複動作3至6次。到此為一組動作。

上半身肌力訓練

　　除了核心與臀腿肌群的訓練，若還有足夠的時間與體能，也可以加入簡單的上半身肌力訓練，強而有力的上半身肌群，可以幫助我們自然而然的抬頭挺胸、維持健康良好的姿勢，由於裝有寶寶的肚子尚未變重、變大，因此也是個好時機，利用伏地挺身來有效率的鍛鍊上半身的肌群，包含手臂、肩膀、背肌、胸肌及核心力量。當然也能為之後育兒時必須時常扛嬰鵝時預作準備啦！（笑）

　　若覺得標準版本的伏地挺身強度太高，切勿勉強執行，我們的身體在此時分泌著鬆弛素，韌帶與關節相對都比較脆弱，若肌力不足卻勉強做伏地挺身，很容易就會傷害到手腕關節，所以可以先從強度較低的屈膝伏地挺身開始做起。

屈膝伏地挺身

1 起始姿勢：雙手撐地比肩膀稍寬，膝蓋著地且靠近，頭部到後背呈一直線，雙手指尖朝前方，面朝下。

2 手臂彎曲身體向下，直到手肘呈九十度彎曲，動作進行時，身體到膝蓋應保持一直線。

3 用力，使手臂伸直，胸口向上移動，回到起始姿勢。

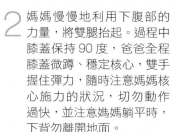

爸爸一起動一動！

懷孕初期的時候，正是適合緩和鍛鍊核心的時候，有力的核心可以幫助我們在懷孕後期穩穩地將寶寶綁在肚子上，並且較不會因為肚子越來越大、重心改變而導致姿勢不良。

彈力繩提腿練核心

1 媽媽躺在地墊上，爸爸雙腳與肩同寬，站在媽媽的頭部後方，膝蓋微蹲、穩定核心，雙手握住彈力。媽媽雙腳併攏，膝蓋彎曲呈90度，將彈力繩勾住腳板，爸爸由後方拉緊彈力繩，作為核心訓練的輔助帶。

2 媽媽慢慢地利用下腹部的力量，將雙腿抬起。過程中膝蓋保持90度，爸爸全程膝蓋微蹲、穩定核心，雙手握住彈力，隨時注意媽媽核心施力的狀況，切勿動作過快，並注意媽媽躺平時，下背勿離開地面。

雙人弓步

懷孕初期將臀腿肌肉鍛鍊好,可以幫助媽媽們在後面比較辛苦的孕期,不會有肚子過重、雙腿無力的問題;較強的臀腿肌帶動到骨盆底肌,也能幫助媽媽們生產時較有力喔!

1 爸爸與媽媽面對面站立,雙腳與肩同寬,兩人互相握住雙手。

2 穩住核心、腹肌微微出力,爸爸與媽媽的右腳向後踏出,抬頭挺胸,雙腳的大腿與小腿皆呈 90 度角,再回到動作一。

4

孕期飲食必讀！

　　三分練，七分吃，懷孕的飲食該怎麼規劃呢？許多人認為懷孕後就應該幫肚子裡的寶寶多吃一份，但別忘了第二個人只是個小寶寶，在懷孕初期甚至只有草莓般的大小，在懷孕 12 週以前，寶寶就像是自己帶了個便當一樣，卵黃囊就可以充裕的提供寶寶營養，懷孕 12 週時，胎盤才會完全發展成形，此後才會比較需要藉由母體的營養攝取來供給胎兒。一般我們變胖、增加脂肪，大多為脂肪細胞的增大而非脂肪細胞的增加，但是在人的一生中，最容易生成脂肪細胞增加的時期，除了嬰兒時期之外就是孕期了，因此在第一孕期剛發現懷孕時必須格

外注意，切勿有著一人吃兩人補的心態而吃得過多，只需要維持均衡的營養，熱量的攝取維持孕前的份量即可，否則一旦脂肪細胞增加了就無法減少，頂多只能靠減脂縮小細胞，到了產後就會很難減回孕前的體態與體脂率。

如何養胎不養肉？

除了注意不要額外攝取過多多餘的熱量之外，也要把握以下基本原則：

1. 均衡飲食：

不要因為怕胖就完全不吃澱粉，不要因為怕熱量高就不吃脂肪，也不要因為孕期不適就拒吃所有蛋白質，整日的三大營養素：蛋白質、碳水化合物、脂肪都要均衡攝取，才能確保胎兒的健康，以及避免營養不均而影響賀爾蒙失調而發胖。

2. 適量攝取全穀根莖類：

全穀根莖類就是所謂的低 GI 值優質澱粉，雖然他們屬於澱粉，但因為其中含有大量的纖維素，吃下肚之後，身體無法立即消化吸收，因此血糖也不會急速上升、胰島素也不會急速大量分泌，造成脂肪囤積。所以孕期可以多多用全穀根莖類取代精緻澱粉，不過注意還是不要過量，平均每天吃 2-3 碗的量就已足夠，千萬不要一旦餓了就隨時以麵包或餅乾來充飢，攝取過多、身體消耗不掉的澱粉，最終都會轉為脂肪囤積在自己身上，養肉不養胎。

3. 蛋白質是養胎的重點：

蛋白質是建構身體重要的基石，攝取優質的蛋白質可以使胎兒健康穩定地成長。如果你在懷孕時特別想吃甜食，也很有可能是因為蛋白質攝取不足，在吃甜食之前，不妨補充一些

蛋白質，可能就會發現沒有那麼嗜甜食了。低脂起司、堅果、牛奶、雞蛋以及豆類和肉類，都是很適合孕期補充的的優質蛋白質來源。但注意切勿過量攝取，因為過多多餘的熱量一樣會養出自己身上的肥肉喔！攝取過量的蛋白質也會對腎臟造成負擔，也會提高鈣質流失，所以記得適量即可。也要注意盡量攝取優質蛋白質，盡量挑選非加工、油脂少、精肉多的部位，像是雞胸肉優於雞腿肉，瘦豬肉優於肥五花，生肉及深海魚盡量少吃，可以讓身體補充到蛋白質卻不會吸收到太多比較不健康的脂肪。

4. 吃健康脂肪：

上面說少吃豬油雞油的肉不代表不要吃油脂，而是少攝取不健康脂肪，另外再攝取健康脂肪，例如酪梨、堅果類、橄欖油等等，吃足夠的油脂可以讓身體吸收脂溶性維生素，不吃油會掉頭髮皮膚乾燥指甲粗糙，對胎兒的營養吸收也非常的不好，所以千萬不要怕胖就完全不吃油喔！

5. 多吃蔬菜：

蔬菜中含有大量的膳食纖維與維生素，可以幫助我們孕期時預防便祕，建議每天可以吃 3 到 5 盤蔬菜、2 份水果，並且最好多更換不同種類的蔬果，也要記得喝水，幫助膳食纖維促進腸胃蠕動。

6. 吃適量且較不甜的水果：

多吃蔬菜很重要，懷孕真的很容易便秘！多吃蔬菜可以

幫助排便、讓身體吸收維生素，水果也含有很多維生素，但是如果是很甜的水果就要避免吃太多，因為也是高糖碳水化合物，吃過多也會長脂肪，可以挑選像是小番茄、橘子柳橙、藍莓、等甜份較低的水果，高糖的瓜類少吃。

7. 熱量的計算：

　　首先了解自己一整天大約吃幾大卡不會胖不會瘦，那就是維持妳一天代謝與日常活動量的 TDEE（每日消耗總熱量），一般女性大約在 1500-1800 之間。在第一孕期的時候吃大約孕前 TDEE 的熱量是 ok 的，寶寶自己有帶便當，不需要額外攝取太多熱量，到第二三孕期時寶寶開始依賴母體的營養，所以要比第一孕期多攝取 300 大卡，千萬不要有一人吃兩人補的想法而狂吃！絕對長肉不長胎。

8. 三大營養素比例也很重要：

　　根據衛福部建議，合宜的三大營養素比例蛋白質 10-20%，脂肪 20-30%，醣類 50-60%，我覺得沒有需要特別減脂增肌的孕媽咪們，配合這樣的比例飲食就很能達到飲食均衡，提供自己身體所需及寶寶營養目的囉。

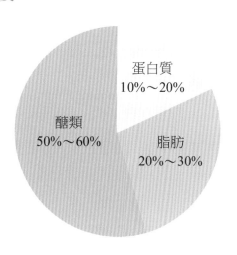

蛋白質
10%～20%

醣類
50%～60%

脂肪
20%～30%

9. 多喝水、少喝含糖飲料及含咖啡因飲料：

一天一杯咖啡是 ok 的，但超過了對寶寶可能有比較不好的影響，另外也不要加太多糖，糖是會長脂肪的毒藥，不想產後減得辛苦，孕期就要多多克制囉！水要多喝，懷孕的時候寶寶、羊水都需要很多水分，我們自己身體也需要更多水分來維持提高的代謝，所以喝水超重要！喝水不會讓妳水腫，不喝水身體失衡才會水腫喔！

10. 盡量避免甜食與含糖飲料：

甜食對於非懷孕的人來說，本來就是肥胖的主因、減肥的敵人，我知道在我們懷孕時，有時會無法克制地想要吃甜食，但是為了養胎不養肉、為了寶寶的健康，還是盡可能的克制比較好，甜食吃多不但容易引起妊娠糖尿病，也容易使孕婦變胖。除了甜食之外，也要記得減少果汁及含糖飲料的攝取，即使是新鮮果汁也含有較多的糖分，比起果汁，新鮮水果有較低的熱量以及較高的纖維含量。

11. 注意飲食的分量：

就算吃得食物都很健康，但是吃得過多、總卡路里攝取過量，還是可能造成額外的體重與體脂增加喔。

如果你像我一樣，會突然想吃這個想吃那個，沒有吃到會很不開心，百分之百執行上面那樣飲食妳會有壓力、無法享受在其中也沒有關係，我自己在懷孕期間，大概也只有 60-70% 執行上述的飲食原則。

我覺得懷孕期間最不需要的就是多餘的壓力，我自己很

不喜歡正義魔人在旁說：「妳懷孕耶！不要吃冰啦！」「妳懷孕耶！你不要拿剪刀喔！」「妳懷孕了，不要去舉重啦！」這時候我都會心想……我是懷孕還是生病啊？可以放過孕妹嗎？懷孕已經夠不舒服了，為什麼還要被一些沒有科學根據的規定限制呢？這種時候我都會很開心我的孕期幾乎都待在美國，美國人對於孕婦的態度跟台灣真的差很多，大著肚子去星巴克買咖啡冰沙，穿著比基尼躺在泳池邊曬肚子、喝冰沙也沒有人會管我，有的老外還會跑來恭喜我要當媽媽了。我有台灣懷孕的朋友只是去早餐店買杯不去糖的冰豆漿，就被好意的老闆娘逼著去冰去糖……孕婦為什麼要這麼辛苦啊？

　　上述那些飲食概念，執行的前提是：「這樣吃我很開心，為了寶寶這樣飲食可以既營養又不讓我胖，所以準備食物和吃飯的時候我都心情很愉悅！」如果妳那樣飲食覺得壓力很大，那我強烈建議妳這段孕期就放鬆心情的吃想吃的食物吧。（但是還是可以默默的把上面的飲食概念埋在心裡，吃想吃食物的時候可以盡量不要走鐘太多啦。）

　　我覺得最好最好的胎教就是開心的媽媽！媽媽在孕期間一定要開心，生出來的寶寶才會健康又快樂，我在懷兒子的時候整個孕期都很快樂，他生出來就是一個愛笑又開朗的孩子，雖然為了讓自己開心而不特別去調整飲食，整個孕期可能會讓妳長脂肪，但是生完再減也沒關係呀，不過前提還是要遵循醫囑，如果本身就有糖尿病，那飲食方面當然不能吃自己開心就好囉。

懷孕第一期的飲食

孕吐的階段，該如何調整飲食？

在第一孕期，大約在懷孕第 6 到 7 週，因為荷爾蒙濃度的改變，我們通常會經歷一段痛苦的孕吐期，大多數的人在懷孕第 12 至 15 週時，孕吐症狀就會逐漸緩解。在這痛苦的孕吐期間，我們的味覺與嗅覺會變得特別敏感，有的人甚至會連喝水都想吐、吃不下任何東西，如果孕吐非常嚴重，幾乎演變為劇吐、食道裂傷、吐血，就應該立即就醫，請醫生開立緩解孕吐的處方藥，以下為一些可以幫助減緩孕吐的方法：

1. **少量多餐**：懷孕時，由於黃體素的分泌，使得我們的消化系統速度變慢，可以將一日所攝取的食物份量，均勻分配到一整天中，不要一次吃得過飽。

2. **空腹可先吃簡單的乾食**：懷孕時容易會有胃食道逆流的症狀，可以在早晨空腹時先吃麵包、蘇打餅乾等乾食墊胃。

3. **清淡飲食**：選擇口味清淡、不過度調味、過油的食物，否則重口味及油膩感會在吃完飯後，持續的引發想孕吐的感覺。

4. **攝取足量的水份**：每天至少攝取 2000 c.c 的水分，來預防嘔吐可能造成的脫水現象。喝水時也不要一次性

的大量飲水，應在餐與餐中間慢慢分次攝取，也要避免空腹喝太多水，以免使得噁心感加重。

5. **嘗試攝取不同的水果**：很多水果都有止吐的作用，例如我在懷兒子的時候，發現只有橘子、柳丁不會讓我想吐，而在懷女兒時，蘋果是唯一讓我不想吐的食物。建議每日攝取 3 份水果類，可補充因嘔吐流失的電解質。

6. **薑有止吐效果**：薑含有薑醇和薑烯酚，是天然的止吐藥，我在孕吐期也發現薑茶、有薑調味的食物能讓我比較沒有噁心想吐的感覺。

7. **補充維生素 B6**：維生素 B6 具有止吐的作用，所以許多醫師會在孕初期鼓勵孕婦吃維生素 B，若孕吐嚴重可適當的補充。

第一孕期應補充的營養素

在我們懷孕的時候，為了維持寶寶的生長發育，以及胎盤、子宮、乳房等組織的增長，我們會需要攝取比未懷孕時更多的營養素。若此時期媽媽營養不良，會影響胎兒的細胞分裂與器官生長，易造成胚胎畸形或流產。此外，媽媽的身體也會出現很大的生理變化，可能出現噁心、嘔吐、腹痛、疲倦……等不舒服的症狀。第一孕期應補充的營養素有優質蛋白質、維生素 B 群、葉酸、鈣、鐵及碘。

懷孕的飲食與行為禁忌

　　最後是關於懷孕時的飲食及行為禁忌，我想大部分孕妹應該都知道吧？ 不過還是在這邊列出來提醒一下，以下這些食物在懷孕期間少碰為妙喔！

　　1. 咖啡因：咖啡因會由胎盤進入胎兒體內，影響胎兒腦部、心臟、肝臟等器官的正常發育。不過以目前研究指出，每日攝取的咖啡因含量如果超過 200-300 毫克，會造成流產以及胎兒發育遲緩的機率上升，而每天少於此量的，則沒有證據會有危害。所以其實孕妹在喝咖啡的時候，多注意咖啡因的含量，不要超過 200-300 毫克，大約是一杯中杯的美式或拿鐵，這樣是不會過量的。另外要特別注意的是，紅茶、綠茶、可樂、巧克力等食物也都含有咖啡因，所以若當天已經喝了一杯咖啡的話，其他的含咖啡因的食物就不要攝取喔！

　　2.喝酒：酒精會經由胎盤進入寶寶體內，增加胎兒畸形、生長遲緩、智能低下及早產的機率。因此在懷孕期間真的要戒斷酒精喔！

　　3.鈉含量高的重口味食物：在我們懷孕期間，會比較容易引起高血壓和水腫，而含鈉量高的食物，例如火腿、臘肉、等加工食品，都會使身體囤積更多的水分而加重水腫，所以懷孕期間都應避免食用。

　　4.抽菸：菸草中的尼古丁及香菸的焦油，會使寶寶缺氧、影響生長發育，也會增加流產、早產、胎兒先天畸形、先天性心臟病的機率。

5. 減肥：在懷孕期間切勿減肥！ 這個時候絕對不是一個減肥的好時機，以免造成某些營養素缺乏而影響胎兒正常發育。在減肥減脂時，賀爾蒙扮演著非常重要的角色，而我們在懷孕時，賀爾蒙的分泌和孕前正常水平完全不同，因此在孕期減肥也不會有效果，反而影響到自身與寶寶的健康，因此在孕期間只需要達到養胎不養肉的目標即可，千萬不要在這個時期減肥喔！

Chapter 3

懷孕中期

的身心變化、運動及飲食建議

懷孕日記
（第 13 週至 27 週）

渾渾噩噩的過了厭世的前三個月，第一胎到了大約孕 13 週，孕初期頭暈目眩、全身無力、噁心想吐的感覺才逐漸舒緩下來，在孕 12 週那次產檢後，醫生就告訴我寶寶目前很健康，我可以開始安心運動了，所以我從孕 13 週就開始踏上健身房、游泳池，做一些緩和簡單的有氧及肌力訓練。

在食慾慢慢回來後，先是跑去怒吃了這三個月一直很想吃的韓國烤肉、漢堡薯條啊這類的不健康外食，然後半夜再來碗泡麵以彌補前三個月無法享受美食的痛苦，但也不過就這樣放縱一個多禮拜而已，我整個人就腫了一大圈，後來體力比較好的時候，才開始有認真計算卡路里、自己準備清淡、營養一點的食物。就算再怎麼想吃的開心愉悅，也千萬要記得第二孕期是孕婦與胎兒最容易增長脂肪細胞的時期，一定要注意不要高油高糖，但也千萬不要在孕期減脂減肥，對自己的營養及胎兒都有不良的影響，並且也不會有良好的減肥效果。

我覺得如果對於減肥、減重、孕期體重、體態有一些基本的知識概念，在第二孕期時真的會很容易在面臨終於脫離害喜、食慾大增、導致體重上升的變化感到很不安或是過於放縱。我在第二孕期短短幾週內，體重就直線上升，有某幾週甚至會短短一個禮拜內體重就飆升了 1～2 公斤，好在我上過孕產婦的教練研習課，了解到我們的身體在第二孕期時，體重上升的幅度是最快最大的，除了肚子裡的寶寶在長大之外，我們的乳房、羊水、胎盤等等都會變大變重，我自己是到了懷孕 22 週開始，肚子明顯快速的變大，身體感覺也有點水腫、臉有變圓一點，不過這段期間，除了產檢之外我都不太會去量體重（其實

就算沒有懷孕我也幾乎都沒有在量體重，體態應該要用看的而不是量的），所以我在孕期間每天照鏡子，看起來覺得自己沒長什麼脂肪，我想這樣就夠了。

第一胎整個孕期重了 16 公斤，產後飲食控制加運動，餵母奶又帶小孩，大概兩三個月就恢復孕前體脂，所以我覺得幾公斤不是重點，某些藝人都會說自己孕期只胖 6 公斤、8 公斤之類的，根本是想逼死其他媽媽啊！

每個人體質不同，肚子裡的寶寶重量不一樣、羊水、胎盤也不可能每個人都一樣重，重量是一個包含太多因素的數字，身體並非一個數字能代表所有狀態，胎盤、羊水、寶寶、內臟、肌肉、脂肪、我們身體上的每一寸肌膚都有重量，而單單看這個重量數字，就定義自己胖了（指的是長脂肪），是否太以偏概全給自己太大壓力？孕妹們最重要的是快樂開心的心情，拋開體重數字的束縛，把胖瘦與否建立在生活方式而非體重數字才是最重要的。

建議各位孕妹們可以這樣簡單的思考：「如果我這一週都是吃外食、甜食、油膩的炸物，懶洋洋的不運動，那麼我這週就是過的很胖；如果我這週飲食很清淡，吃沒有過多調味的健康原型食物，保持活力、多喝水，有精神就去運動，即使是散散步都好，那我這週就是過的很瘦。如果可以整個孕期都過得很瘦，那當然也無需擔心有沒有長脂肪囉！」

我在這段孕期因為逐漸不再因為害喜症狀而對健康食物太過於抗拒，所以我的三餐澱粉、肉類、蛋與蔬菜基本上都很均衡攝取，以下

是我的三餐及作息：

起床 6:00	早餐	點心	中午 12:00	午餐	點心	晚餐	消夜	睡前	睡覺 10:00
空腹飲用滴雞精	豆漿、番薯、荷包蛋、酪梨1/4顆	優格與水果		鮭魚排、糙米飯半碗、蔬菜一碗、橄欖油1茶匙	水果與豆漿	橄欖油1茶匙、蔬菜1碗、烤雞胸肉、全麥麵半碗	堅果10顆	熱全脂牛奶一杯＋	飲用滴雞精

額外補充孕婦維他命、魚油、膠原蛋白

　　即使還是偶爾會吃一些垃圾食物，但把握住了健康知識、減肥與體重的迷思，還有對懷孕的身體的了解，飲食上的控制變得相對簡單又輕鬆多了。

　　在心情方面，第二孕期脫離了前面三個月的痛苦不適，也少了一些不穩定賀爾蒙的影響因素，開始比較能夠專心的體會懷著寶寶、當媽媽的感覺了。這段期間常常會覺得當媽媽是一種很神聖的感覺，我的身體裡有了一個小小的生命，依賴著我的身體而活，我每天都感覺自己很有愛，不過懷孕的賀爾蒙變化令人捉摸不定，有時候又會覺得

自己是個不用功的媽媽，新生兒要買、要準備的事物，以及產檢要做的項目我都不知道，胎教音樂也隨便聽聽，飲食偶爾還是會吃吃垃圾食物，不過比起第一孕期的負面及憂鬱，到了第二孕期，面對這些自我懷疑，我更容易轉念、樂觀思考了！「有快樂的媽媽，才有健康的寶寶」是我在第二孕期時會常掛在身邊的一句話。

　　第二孕期最讓我喜愛的一點，就是在這段期間精神與體力都處於最佳狀態，前面三個月的不適讓我覺得身體不屬於我，但到了這一個孕期，所有的感覺都漸漸回來了！這兩胎我大約從孕 15 週開始，就持續保持一週 2 至 3 次的肌力訓練，還有 15 至 20 分鐘的快走、散步或游泳。第二胎時甚至增加到一週約五天重訓，練到肌肉酸痛的時候，就抽時間去泳池游泳 20 至 30 分鐘來放鬆肌肉，我完全就是閒不下來

的孕妹，覺得找回自己的身體的感覺真的很棒！

　　不過其實孕期重訓跟懷孕前做重訓比起來真的是很吃不消，平常訓練大概休息一天就不會肌肉酸痛，但是懷孕後，重訓好像需要更多能量、更長的休息時間來修復全身，是全身喔！不是只有訓練部位！我記得有一次我堅持要好好執行自己排的課表，一天胸背肌群、一天臀腿肌群、一天休息這樣輪替，結果練完背的隔天，熱身完沒多久，只做不到課表的三分之一，

我就突然斷電超級想直接躺下蓋棉被睡覺！這是什麼情況？我在健身房現場狂打哈欠，癱在訓練椅上軟綿綿不想動，老公在旁邊看傻了眼，因為我以前健身從來沒有這樣過啊哈哈哈哈哈，周公真是太有心了，直接到健身房來接我！！最後只好無奈的回家去，一換上睡衣就狂睡了3小時。

　　雖然我身邊的人都會說……懷孕不就是要好好休息嗎？幹嘛這麼累呀？但我覺得比起躺在床上當個懶洋洋的殭屍孕妹，能夠找回自己的身體好好運動、體驗全身的肌肉酸痛，讓我更有自信、更有活著的感覺！

　　也因為運動後需要花更多更多的時間修復身體，所以我到後期幾乎都不做有氧運動了，因為我不想要浪費體力跟修復時間，決定把所有的時間與能量都拿來鍛鍊肌肉，那段期間我的飲食不像孕前那麼精算卡路里與三大營養素，因為增肌或維持肌肉需要不少熱量，我只有努力注意不要吃太油及過於加工的食物，這段時間的運動及飲食比較偏向增肌而非減脂的規劃。

　　在孕期要減脂不是一個好時機，但是我在孕期多做阻力訓練（包含重訓、肌力訓練、TRX、核心運動等等，屬於利用外在阻力刺激肌肉生長的訓練）是很不錯的時機，因為多吃一點也不用怕囤積太多脂肪，熱量都跑去修復肌肉以及運動消耗，而且越來越強壯的身體也能讓體力越來越好，感覺趁懷孕這幾個月好好練點肌肉在身上，生完寶寶體力好、代謝也不會變低，再好好減脂就會有厲害的線條。

　　到了孕二期的尾端，不知道是心理作用還是胃真的被子宮往上

擠，沒吃幾口飯就覺得很飽，但有時候明明還很餓，胃卻被內臟擠到裝不下了，我都會很不甘心的跟他拚一下（跟誰？），硬是要吃到我心裡覺得飽為止……結果就是真的頂到肺了，到後期常常處於一個飽到不能呼吸的狀態，大概都要吃完飯後兩小時才比較能順暢呼吸，每次老公看到我這樣都覺得很詭異，每一餐都像打仗一樣，掃完飯之後就得半躺在沙發上深呼吸；大概也是從那時開始，只要吃了一點點東西之後馬上就會整顆肚超圓！有一次太累躺著休息時，剛好假性宮縮，整顆肚變硬，邊摸才邊發現子宮的高度已經到了胸口下面一點點的位置了，也就是說我的胃確實被寶寶擠的好高啊！每次懷孕都會驚嘆女人的身體真的非常神奇！可以這樣為了孕育一個新生命有如此大的變化。

整體來說，不管是第一胎還是第二胎，我在第二孕期時的心情是大多愉悅的、覺得自己找回了身體的掌控權，充滿了幹勁與能量，整個人也很有自信。

不過在懷第二胎時，我的第二孕期正好經歷兒子即將邁入 Terrible two 的階段，非常活潑又很皮，當時兒子還很常使出「這不是肯德基」式的崩潰倒地滾來滾去，要把他抱起來離開現場也很困難，因為他不曉得從哪裡學了一招──全身癱軟，直接在地上扭來扭去變成一隻章魚，但沒耍惡魔的時候又是一隻愛笑的天使，真是讓我又愛又恨……只能怪他體內流著我的血啦，聽我媽說我小時候也是一隻古靈精怪的皮蛋，現在才覺得我媽實在太厲害了，到底是怎麼把我養大的？！我現在只好趕快多鍛鍊肌肉將來好應付兩隻屁孩呀！！

1

身體的變化

度過了很厭世的第一孕期，寶寶終於穩定了！接下來進入到了第二孕期——第 13 週至第 27 週。這段期間算是我懷孕時最喜愛的一個時期，隨著胎兒逐漸穩定，賀爾蒙的分泌也逐漸平穩，第一孕期的不適症狀大多會在這一個孕期逐漸緩解，我在懷兩胎的時候，第二孕期都非常的有精神、有體力。我們的身體在懷孕第二期時發生了那些變化呢？

鬆弛素的改變

雖然鬆弛激素在懷孕的第二週便會開始分泌，但在第二孕期分泌量將會大量激增（大約在第四個月），鬆弛激素對於生活與運動的影響是很大的，因為在懷孕期間，隨著鬆弛激素的分泌，通常也會伴隨著體重的增加以及身體重心的改變。鬆弛激素對於所有的關節都有一定程度的影響，其中又以骨盆周圍的關節與韌帶受到的影響最大。

①薦髂關節疼痛：薦髂關節位在尾椎骨與骨盆的交界處，也就是臀部上方類似酒窩的凹陷部位，鬆弛激素使得薦髂關節週邊的韌帶鬆弛，加上成長中的胎兒下壓的重量，會令這

些骨頭開始較為分離，這在分娩的過程中是很重要的，才能讓骨盆腔有較大的活動度以及較寬的產道。但同時也帶來了關節的不穩定，以及伴隨骨盆疼痛的產生。正確的姿勢以及身體意識能幫助避免這些骨盆的不適。

②圓韌帶：除了關節之外，在懷孕過程中所有的韌帶均會變得鬆弛，其中圓韌帶的鬆弛是最為顯著的。圓韌帶附著在子宮以及恥骨上，隨著子宮大小增加，圓韌帶也從懷孕前約 2 公分被伸展到孕期最後約 30 公分。有這麼大的牽拉力量，不難想像許多孕婦會在肚子深部的骨盆區域覺得疼痛或是抽筋的感覺。孕媽通常在懷孕第 14 至 16 週左右，胎兒生長快速時或是第三孕期時有明顯這種疼痛現象。許多人也發現這種疼痛感在第二胎或第三胎比較常見，第一胎較不常見；在變換躺姿、坐姿或站姿時也容易發生明顯疼痛，使用正確的起身方式通常會有幫助。

③關節功能以及關節滑液：關節滑液是用來潤滑關節以及增加關節活動度，是天然的關節緩衝劑，由關節內自然產生的。在懷孕過程中滑液的生成將會減少，骨骼之間空隙因此變小，使得活動度下降，因此在孕期運動時，需特別注意暖身，關節會需要要較長的時間，才能暖身完畢達到完整潤滑的狀態。

胎盤的功能

孕媽常會擔心運動對於未出生嬰兒的影響，其中一個最

大的擔心，是由於運動過程中較多血流流經肌肉群，胎兒能否從胎盤得到足夠的氧氣？胎盤是胎兒與母體間交換氧氣、養分、代謝廢物的暫時器官，就如同心肺功能可以藉由適當的壓力來增進功能，在適當的壓力之下，功能反而會越來越強。有研究證實此項說法，有運動的孕婦的胎盤大小，較不運動的孕婦還要來得大（Clapp, 2003）。較大的胎盤能供給胎兒較多的氧氣及養分。此外，即使在運動過程中胎盤的負荷較大，在其他未運動的時間也可以以較高效率運作來補償此段時間。

仰臥低血壓症候群

前面提到的仰臥低血壓症候群（請見第 47 頁），到了第二孕期開始，會是大多數孕婦開始沒辦法舒適地仰躺太久的期間，並且可能會伴隨著腳麻或是頭暈目眩。

如何知道自己是否出現仰臥低血壓症候群？當感到頭暈、感覺在水中漫步、看到光點或是覺得目眩即是了。

如果出現了上述症狀，可以慢慢地向左側躺，直到不適感消退；仰臥低血壓症候群對胎兒並沒有不良影響，如果在睡覺時翻身成為仰躺，身體會自然的醒來，讓自己翻身躺到任一側，身體總是會自行找尋最適宜的姿勢以及發出警訊，所以不需要過度擔心。

火燒心

在懷孕期間，我們的胸口或上腹部開始會出現灼熱感，也就是俗稱的「火燒心」，另一個常見的狀況是胃食道逆流，特別是在第二孕期時，黃體素使得賁門括約肌放鬆、讓胃酸較容易逆流至食道，造成火燒心的感覺。對於胃食道逆流最好的處理方式包括少量多餐、減少咖啡因、辛辣飲食的攝取。

黑色素沉澱

在懷孕期間，由於雌激素和黃體素分泌旺盛，這兩種激素的分泌與黑色素沉澱有著直接的關係，因此在懷孕之後，乳頭、陰部、腋下等部位會出現黑色素的沉澱，是正常的現象，在生產完之後，隨著賀爾蒙分泌的逐漸正常化，黑色素的沉澱也會慢慢消退。

妊娠紋

第二孕期是我們的孕肚增大速度最快的一個時期，在懷孕 12 週之後，我們的子宮會出現明顯的擴張，隨著體內胎兒的成長，腹部會不斷地增大。在這個過程中，腹部皮膚的彈性纖維和結締組織可能會出現撐斷的痕跡，這就是所謂的妊娠紋。所以在孕期間，醫師時常會叮嚀我們要控制體重、不能

變胖太多，主要是避免體重增加的速度超過皮膚的增生速度，但我覺得除了注意體重之外，更重要的是多鍛鍊腹橫肌、讓腹部不要一下大得太快，並且勤保養，保持腹部肌膚的滋潤與彈性，就能一定程度的預防妊娠紋的產生。

肩膀酸痛、腰酸背痛

在懷孕大約到了第 20 週以後，由於體內血液量大增，並且子宮不斷變大，對靜脈造成了壓力，導致血液回流不通暢，造成了肩膀痠痛、末梢循環不佳的情形。所以在孕中期，儘量不要長時間維持同一姿勢，要記得每隔一段時間就改變姿勢，並且適量的運動來促進血液循環。此外，很多的孕妹在孕中期肚子開始變大後，都會用手來支撐腰部以保持平衡。大多數孕妹的姿勢都會將肚子往前挺、肩膀往後拉，這是因為在子宮漸漸增大時，其身體的重心也在慢慢地往前偏，而使得腰痠背痛的情況更加嚴重，所以孕中期開始，就要加強注意身體的姿勢。

Tips: 避免下背痛的要點：

- 穿低跟鞋（但非平底鞋），並有良好的足弓支撐。
- 以蹲下撿東西取代彎腰撿東西。
- 坐在有良好背部支撐的椅子，或是放置小靠枕在下背部。
- 以側睡取代仰睡。
- 使用低溫的熱敷墊、熱水袋、或是冰敷以減緩疼痛。

孕期姿勢的重要性！

　　不論是否有懷孕，姿勢的正確性都非常重要，當我們有正確的姿勢，肌肉就會達到平衡，使我們的身體對稱；而姿勢會有偏差的原因，通常可能是因為某部位的肌肉強度不夠，無法支撐身體到應有的正確姿勢。

　　好的姿勢對健康非常重要，可以確保讓內臟都在正確的位置上，讓他們都能健康有效率的正常運作。除此之外，姿勢更在我們日常生活中佔了非常重要的角色，小至走路、跑步、大至跳躍及重量訓練等等各項運動技能，都有可能會受到影響。舉例來說，假設妳平時有駝背的習慣，妳的手臂並不是靠在正側身，而是靠在身體的前側，那麼當妳在做手臂的重量訓練的時候，就會對肌肉的使用有所影響，肌肉的運動路徑與施力點都會與正確的姿勢有所不同；或例如走路的時候，如果妳的腳或是大腿過度的呈現外八字的姿態，那麼臀部與膝蓋就會承受較高的壓力，長時間下來，當要走較遠的距離，很容易就會造成這些部位的傷害了。

　　正確的姿勢會讓人感覺很舒服，所有的動作、運動、活動，都應該以符合解剖學、生物力學的概念之正確的姿勢為基礎。想要達到並維持正確的姿勢並不難，除了學習良好的坐姿、站姿、走路姿勢，更重要的是要訓練身體各部位的肌肉，讓肌肉有足夠的力量能夠撐起整個身體到正確的姿勢。

　　然而在第二孕期中，隨著體重的增加、胎兒的生長、鬆弛激素濃度上升，都會對姿勢的控制有重大改變，即便懷孕前

有相當好姿勢也是一樣。當胎兒生長時，孕婦的身體重心會使得骨盆向前傾，導致腰椎有較大的前弓弧度，稱作腰椎前凸。腰椎前凸發生時，為了保護脊椎，下背的肌肉以及臀旁肌群均會有較大的負擔；在身體的前側，腹肌被拉長且變弱，導致骨盆以及下背處於較不穩定的狀態。上背部也會受到第二孕期生理變化的影響，由於脊椎關節以及下背處於不穩定狀態，加上乳房重量增加，容易導致駝背。如果長期忽略不加以處理，這些不良的姿勢在第三孕期以及產後將會更加的顯著，因為媽媽在照顧嬰兒或是哺乳時經常處於弓成一團的姿勢。

Tips: 改善姿勢的訣竅
- 藉由提升自我覺察與提醒，建立良好姿態。
- 伸展或是強化肌肉以達到平衡。
- 增加核心穩定度。

　　當有較好的姿勢，孕妹們比較不容易感到疲勞，也比較不容易產生腰痠背痛的情況。我所設計的「Fit Mom To Be」中的運動課表，就有針對改善姿勢作為設計要點。

Tips: 如何尋找最佳的姿勢

第一步：舒服地雙腳站立與骨盆同寬，腳尖向前左右平行（隨著胎兒生長孕婦們會感覺較不容易髖關節外轉，因此需要站得寬一些）。

第二步：骨盆前傾、骨盆後傾交替輪流練習。

第三步：在這兩個極端姿勢中，尋找覺得舒適的中間點，即為骨盆中立位。

第四步：感覺肚臍往脊椎的地方微微發力收緊，啟動核心以維持
　　　　姿勢。
第五步：將肩膀向後轉，往下壓，並將兩肩胛骨輕輕往中間靠攏，
　　　　成挺胸姿勢。
第六步：下巴輕微向後收。
第七步：膝蓋與腳尖成同一方向，注意勿膝蓋內夾。
第八步：保持膝蓋微彎，感覺大腿前側肌肉輕微發力。

　　良好的姿勢，可以
幫助我們在懷孕時較不
易腰痠背痛之外，對於
胎兒在我們肚子內的發
展也有助益，所以雖然
懷孕時身體越來越重、
重心越來越不穩，還是
要適時的提醒自己要隨
時注意自己的姿勢喔！

2

第二孕期
適合的運動

運動對第二孕期的好處？

第二孕期是我們整個孕期身體最舒服的時期，對大多數的孕妹而言，這段期間是真正開始想要好好照顧自己的身體及寶寶的時候，這段期間我們的身體與心理狀態最穩定、愉悅，所以孕妹們通常會有更大的動機與動力想要吃的健康、動得更多。

第二孕期也是一個理想的時機來學習正確的運動技巧、改正姿勢，以為第三孕期即將到來的負荷做強健身體的準備。這個孕期的腹肌以及骨盆底的訓練，能幫助避免在第二孕期時對於腹腔的牽張，也對第三孕期生產分娩有所幫助。

在第二孕期的短短幾個月，我們會體驗到自己的身體從初期無精打采、想吐無力的狀態，逐漸轉變為充滿活力、有精神與體力。這段期間，我們的身體會在懷孕約四個月時，逐漸大量分泌鬆弛素，子宮附近的韌帶、髂關節等也會變得越來越不穩定，並且在孕中期，隨著肚子漸漸變大變重，也要開始注

意仰臥低血壓症候群、妊娠紋的避免，孕期姿勢的調整，以預防肩膀痠痛、腰酸背痛的情況。所以這一段時期，除了整個孕期都應該不間斷鍛鍊的骨盆底肌之外，我們另外也可以將第二孕期運動的重點擺在核心穩定的持續訓練，並且趁初期鬆弛素尚未大量分泌時，循序漸進地將下半身基礎鍛鍊好，並漸漸多增加一些上半身的訓練，為產後抱小孩等做準備。

核心訓練

在第二孕期初期，肚子的負擔還沒有太大太重的時候，可以持續做第一孕期就開始做的鳥狗式、仰臥屈膝抬腳。到了接近懷孕中期、肚子開始變大、腹部開始緊繃時，可以加入貓牛式來幫助伸展背部及腹部的肌群，並且應開始暫停仰臥的運動，以避免仰臥低血壓症候群的發生。

此外，第一孕期就開始的腹橫肌與骨盆底肌的訓練，是可以貫穿於整個孕期每天隨時隨地都能持續做的訓練。

貓牛式

1 首先從四足跪姿開始，膝蓋位於髖關節正下方，雙手打直，手掌平貼在地板上，位於肩膀正下方。

2 深吸一口氣，進行貓式，同時慢慢將腰部下沉，頭慢慢往上抬。固定動作之後，眼睛向上看，盡可能地往上伸展頸部。

3 深吐一口氣，進行牛式（貓式的相反），彎曲腰部向天，頭慢慢向下、下巴往胸口縮。固定動作後，眼睛往肚臍方向看，盡量伸展後頸，同時肩胛骨盡量打開，嘗試下巴貼著咽喉。

臀腿肌力訓練

在第二孕期的時候，身體的負擔會逐漸增加，身體的重心也會開始慢慢改變，此時更應該要緩緩的鍛鍊下半身的肌群穩定度，才能有足夠的體力把自己的身體準備好，來應對身體裡逐漸增加的水分與血液，以及慢慢長大的寶寶。

在第二孕期一樣可以做深蹲、弓步等腿部運動，不過因為鬆弛素會在這段期間開始大量分泌，因此在這段期間做運動，應該更加注意切勿作容易跌倒、重心不穩的動作，並且可以隨著自身的狀況做運動強度的調整，隨時注意自己身體的感受與安全。

第二孕期的初期，肚子尚未變重變大時，可以持續做後踢提臀、登階、橋式等動作，到了後期肚子負擔開始增加的時候，可以改為做深蹲、蚌式來鍛鍊臀腿肌群。

以下為第二孕期時適合做的臀腿運動示範：

深蹲

1 站立，雙腳稍寬於肩膀，腳尖朝外約30 度。

2 看前方，彎曲雙膝與臀部，臀腿發力將臀部往後推，這期間，保持膝蓋朝向腳尖方向。保持背部挺直，雙手向前伸。

3 持續往下蹲，直到大腿與地面平行。期間保持背部與臀部夾角在 45 到90 度之間。

4 維持相同動作，利用夾擠臀部的力量站起身，將骨盆往前推，回到站立姿勢。到此為一組動作。

蚌式

1　側躺在地面上，兩側髖骨對齊，雙腿彎曲成 90 度，腳跟併攏。

2　將上方的膝蓋盡可能抬高，同時穩定骨盆並保持雙腳腳跟併攏。

3　再度將膝蓋放下，然後換邊。

4　注意動作全程應抱持核心、腹肌的緊繃以穩住身體，過程中勿晃動。

上半身的肌力訓練

在第二孕期的後期，因為身體的負擔會越來越大，可能對於仰臥、俯臥、站立等等的運動較難執行，且此時也正好是我們的身體因為寶寶越長越大，而使得我們姿勢越來越不標準而導致腰酸背痛，因此可以開始將訓練重點擺在上半身，持續保持孕期運動的習慣，有助於保持心情愉悅，也能為產後抱寶寶的日子做準備。

在第二孕期初期的時候，仍然可以做伏地挺身、屈膝伏地挺身等上半身肌力訓練，到了後期肚子開始變大，則可以降低強度，改為做扶牆挺身，或是可以使用彈力繩做一些上半身的肌力訓練。

以下為第二孕期訓練上半身肌力的三組動作示範：

扶牆挺身

3 懷孕中期的身心變化、運動及飲食建議

1 雙腳打開與髖同寬，膝蓋微微彎曲，
　手掌平貼牆上、與肩同寬或更寬一些

2 保持腹部、背部、核心肌群收緊，
　身體前傾，手軸慢慢彎曲。

3 至手軸與牆面呈 90 度後，在用胸肌
　的力量將身體撐起。過程中全程保
　持核心收緊、身體呈一直線。

彈力繩俯身划船

1 將彈力繩踩在腳下,兩腳分開與髖
同寬平行站立,俯身與地面大約呈
90°角

2 兩手持手柄在身體兩側,上臂收在
身體兩側。

3 吸氣、呼氣時,手軸彎曲並利用背
部力量將繩向上拉起,吸氣還原。

4 注意全程保持腹部、背部、核心肌
群收緊。

彈力繩坐姿划船

上半身

1 坐在地上，核心收緊，身體稍向前傾，微含胸，將彈力繩固定在較低的位置，兩手握手柄，手臂向前伸直，感覺背部肌群放鬆。

2 吸氣，呼氣時收縮肩胛骨，用背部肌群的力量，將兩臂同時後拉，雙臂貼在身體兩側，成挺胸姿勢，吸氣還原。

爸爸一起動一動！

懷孕第二期，一樣是鍛鍊臀腿肌肉的好時機，這個時候孕吐不適已有減緩，肚子也尚未變大太多，是體力最佳的孕期。

雙人深蹲

1 爸爸與媽媽面對面站立，雙腳與肩同寬，兩人互相握住雙手。

2 腹肌微微出力、核心肌群穩住，使用臀部與腿部的力量，感覺將屁股往後坐而非往前彎膝蓋的發力姿勢，緩緩地往下蹲，蹲至大約大腿與地面平行的高度即可緩緩地往上站起，回到起始姿勢。

雙人彈力繩三頭肌訓練

第二孕期開始，可以漸漸地加強鍛鍊上半身的肌群，尤其是產後我們會需要一直抱著寶寶，有力量的手臂、肩膀，可以讓我們保持良好的姿勢。

1　爸爸與媽媽面對面站立，媽媽的左手與爸爸的右手向前彎曲，一同握著彈力繩的兩端，兩人的膝蓋微蹲，腹肌微微出力、核心保持穩定。

2　兩人利用手臂三頭肌掰掰袖部位的肌肉，同時將彈力繩往下拉伸直手臂，身體可以微微前傾，保持核心出力穩住下半身。

3

第二孕期
的飲食建議

　　到了第二孕期，懷孕初期噁心想吐的現象會在這幾個月逐漸緩和，胃口也會漸漸開始變好。這個時期是寶寶發育成長的重要階段，寶寶的體重也會有明顯的增加。雖然這段時期對寶寶的發育很重要，但並不代表真的可以開始一人吃兩人補的份量喔！從現在開始一直到懷孕後期，只需要比第一孕期增加大約 200 至 300 大卡的熱量即可，300 大卡大約是什麼樣、多少份量的食物呢？

- 一顆蘋果 + 一杯低脂牛奶＝大約 200 大卡
- 一小條巧克力棒＝ 250 大卡
- 一杯香蕉優格奶昔＝ 180 大卡
- 一整個抹上奶油乳酪的貝果＝ 200 卡

　　200 ～ 300 大卡的食物份量並沒有想像中那麼多對吧？所以千萬不要肚子大了起來後就開始大吃特吃喔！過多的熱量不僅會在身上囤積成脂肪，也可能會使得寶寶的脂肪增加。

Tips: 第二孕期的飲食重點！

● 避免吃太鹹、鈉含量高的食物，可以預防妊娠高血壓。

● 飲食定時定量，避免高糖、高熱量的零食，以預防妊娠糖尿病。

● 持續高纖飲食，預防便祕。

● 一定要多飲水，脫水是造成早產的主要因素喔。孕期間一天至少喝六杯約 240 毫升的水。

● 含咖啡因的飲料，如可樂、咖啡、紅茶等也容易引起脫水，應該要限制其攝取量。

第二孕期應補充的營養素

　　第二孕期是寶寶發育成長的重要階段，寶寶的體重也會有明顯的增加，所以在這個時期，我們需要攝取足夠的鐵質以預防貧血的發生，也需攝取足夠的鈣質，預防抽筋。

　　鈣質：因為寶寶生長骨頭需要鈣質，而鈣質是由母體直接提供，所以我們特別注意鈣質的攝取，以免自己的鈣質流失，每天可以 1 喝到 2 杯大約 240 毫升的低脂牛乳，根據孕婦健康手冊的建議，孕婦建議每天攝取 1,000 毫克的鈣，乳製品、低脂牛乳、豆腐、深綠色蔬菜都是很好的鈣質來源。

　　鐵質：在懷孕中後期，我們體內的血液會上升，一般人大約有 5 ～ 5.5 公升的血量（包括血液、紅血球、白血球……等），而懷孕時會增加 25% ～ 40% 的血量，血量達到大約 7 公升。當血量增加，但是如果紅血球不足，就會產生生理性貧血，孕婦會感到心跳加速、身體不適，此時鐵質的補充非常重要，建議孕妹在懷孕初期、中期每天攝取 15 毫克的鐵質，第

三孕期則每天攝取 45 毫克，除了寶寶與孕媽使用外，也可儲存在胎兒體內，以供給寶寶出生後 6 個月內所使用。除了紅肉以外，深綠色蔬菜與貝類等，也都富含鐵質。

其它營養素：除了鈣質與鐵質以外，其他礦物質，例如：碘（海帶、海苔、蛋類等）、鎂（莧菜、甘藍菜、香蕉等）、鋅（牡蠣、甲殼魚類等）與維生素（小麥胚芽、堅果、豆製品、乳製品、全穀類、肝臟等）等，也皆應均衡攝取。

Chapter 4

懷孕後期

的身心變化、運動及飲食建議

懷孕日記
（第 27 週～生產）

　　從進入了第三孕期，我的肚子就開始時常會假性宮縮，常常沒特別做什麼事肚子也會變硬，我發現好像肚子餓、口渴、憋尿的時候就會特別容易肚子變硬，不過頂多就是肚子變緊一下下、完全不會有疼痛的感覺，休息三到五分鐘就好了。

　　懷第一胎時發現了假性宮縮這件事之後，我有點擔心，所以不敢運動，每次產檢時問醫生這類問題，總是收到「這是正常的」回應，好像我很愚婦的一直窮緊張、問些有的沒有的問題。美國的醫生都很隨興，例如我前前後後問過三個醫生，我懷孕能做什麼運動、不能做什麼運動？得到的回答全都是：「你高興做什麼運動都可以啊，不要不舒服就好。」想一想在美國當孕婦還真幸福，想做什麼就做！（但還是不能喝酒啦，切記）

　　還記得第一胎坐完月子後去產檢，焦急地問醫生我可以重新開始運動了嗎？他竟然不以為意地回我：「當然可以啊！」接著我又問他：「那我重訓可以舉多重啊？」他居然回：「你想舉多重就舉多重！」聽了我心裡一驚，一般來說不是會怕傷口裂開嗎？！他整個隨性到底！但我還是沒有傻傻地聽他的妄言跑去舉超重啦，好險自己有去上過孕產婦教練課，知道孕婦與產婦哪些運動能做、哪些不能，還有運動時要注意哪些部分。

　　我覺得很多醫師雖然有豐富的醫學知識，但對孕期、產後運動的一部分，如果沒有特別進修了解的話，有時候還是可能會誤導孕產婦，所以對自己身體最負責任的方式，就是自己多多了解自己的身體、多多閱讀相關知識，畢竟最能保護自己及寶寶的人只有自己。

經過了第一胎懷孕的所有體驗的洗禮，我覺得我在懷第二胎時有比較老鳥心態，比較敢隨心所欲與宮縮頻繁的身體共存。到了孕後期雖然時常宮縮不太舒服，但因為我知道第三孕期到了後期行動力會變很低，所以在第三孕期前期，我只要覺得沒有身體不適就會到處趴趴走。第二胎整個孕期，就去了兩次聖地牙哥、台灣、韓國等，而且分別都是在懷孕七八個月左右去的，坐長途飛機、大著肚子帶著大寶逛街、逛動物園、爬山等樣樣來；可能因為一直跑來跑去，都進入了第

三孕期但體重卻都沒什麼增加，到了大約孕七個月時只比孕前重了 6 公斤左右，當時還被媽媽罵說我臉都變尖了。想一想保持活力雖然很重要，但是也不能在懷孕的時候這樣操勞肚子裡的寶貝啊，所以後來有一整週的時間我都讓自己一直吃跟睡，體重才開始慢慢上升。

這個孕期除了宮縮以及腿部有比較腫脹一點，還有一點是讓我比較困擾的，就是到了比較後期，寶寶在我肚子長大、壓迫到坐骨神經，狀況不好的時候，會站也不是、坐也不是、躺也不是，有時還會突然動都不能動，必須讓下半身

喬到一個神祕的角度之後才能活動。這段時間我就比較常會讓自己去泳池中走一走，在水中活動有很好的舒緩關節與肌肉的效果。

　　第三孕期的睡眠也是一個很大的問題，不論是懷第一胎還是第二胎，每到晚間睡前我就很煩躁！因為晚上睡覺非常有障礙，側左睡的話，寶寶會用腳狂踹我左側肚子、睡側右就會被踹右側肚子，正躺睡腰會很酸痛，難不成要逼我坐著睡？！懷第二胎時更辛苦，因為除了要應付肚子裡這隻，肚子外還有一隻呀！有時翻來覆去好不容易睡著了，但兒子卻醒來了要討奶喝，或想要我陪玩⋯⋯

　　回想懷上一胎的時候過得好自在，想睡就睡、想起就起，整個自由自在，難怪很多人都跟我說生完會很想把寶寶塞回肚子裡哈哈哈哈哈。不過我從兒女出生到現在，從來都沒有想要把他們塞回肚子過啦，看到他們這麼天真呆萌的模樣，實在是無法想像沒有他們會是什麼樣子。

　　越接近與寶寶見面的日子，我就越緊張一件無聊的事情──就是擔心寶寶的長相。雖說都是自己生的，不管長怎麼樣都會全心愛他，但因為我小時候是一隻長得很醜的嬰兒，每次看到自己小時候的照片，都會想我媽為什麼會愛我？哈哈哈哈哈！所以兒子出生前我一直很擔心兒子會遺傳到我，小時候長的醜就算了，要是長大了也沒變好看的話怪媽媽怎麼辦？

　　老公為了我這個無聊的擔憂搖頭嘆氣過好幾次，後來兒子長的白胖可愛、又萌又暖男，老公才說我當時懷孕是否擔心這個太無聊了？結果不出所料，懷第二胎的時候，我同樣也擔心這個問題呀！ 這次擔

心的點，居然是怕女兒會長得比較像爸爸不像我！沒辦法啊，誰叫兒子長得那麼像爸爸，如果女兒也只像爸爸不像媽的話，那我根本就是借肚子給這男人的代理孕母嘛！（最後事實證明……我的確是代理孕母……）

在第三孕期還會出現一種既期待又緊張的心情，因為再沒幾週就要和寶寶見面了！本來以為可能到了第二胎就比較不會緊張了吧！畢竟隔沒多久就懷第二胎好像也沒那麼容易擔心緊張，但越接近女兒出生的日子就越焦慮……「女兒會是一個健康寶寶嗎？」「兒子能適應多一個手足的日子嗎？」「之後還可能邊工作邊運動邊帶兩隻嗎？」「餵女兒喝母奶的時候兒子會吃醋嗎？」「兒子會不會覺得失寵了，然後退化？」「我會是一個凡事都公平的好媽媽嗎？」我從 30 週開始，腦袋中就不停地在轉這些問題，在一旁的老公又是很無奈卻溫柔地勸我放輕鬆，我想老公可能真的恨不得懷孕的是他吧？他完全無法理解為何女人懷孕會有那麼多無聊的內心戲。

整體來說，我覺得孕第三期的身體雖然負擔變的很重，不過再怎麼比，也不會比第一孕期的厭世來的痛苦，我覺得第一孕期的痛苦是心理加上生理的，而比起來第三孕期頂多就是身體上負擔比較大比較辛苦罷了，心情上還是很愉悅的。所以只要身體還能撐得住、過得去，我都會堅持想要挑戰做一些本來覺得懷孕就該取消的活動（當然是在安全範圍考量之內啦）。

懷第一胎的時候，剛好在這個孕期遇到了我的 30 歲生日。在我20 歲的時候我就已經想好我的 30 歲生日，要跟男友（或老公）還有

好朋友及家人一起開心的辦 party
盛大地度過，結果沒想到我的 30 歲
生日卻正在懷孕……任性如我，當
然還是約了親朋好友陪我挺著大肚
子去夜店過啊！美國的夜店全面禁
菸，所以我很開心地帶著肚子裡的
寶寶、喝著無酒精飲料享受我的 30 歲生日，我還特別穿著緊身連身
裙，就是要讓全場知道我是一個懷孕八個月的孕婦！現場很多人都盯
著我看，我只覺得很驕傲啊哈哈哈，心想著能跟肚子裡的寶寶一起過
生日的感覺真的好奧妙又神奇！ 10 年前的自己從來沒想過 30 歲生日
會是這個樣子，寶寶的到來，讓我更加感到人生的美好。

　　懷第二胎時，我還安排了在懷孕八個月時帶兒子去 San Diego 過
聖誕節，雖然真的很累很累，但想到之後就不會是兒子自己一人獨寵
的世界了，不免有點不忍心，覺得他這麼小就要學習和妹妹分享爸爸
媽媽的愛，所以還是一樣挺著大肚、與老公一起帶著兒子搭飛機到加
州玩了好幾天。老公都說我是史上最閒不下來的孕婦！我只能說我是
一個非常把握當下的人吧哈哈哈！

　　在第三孕期的後期，體重會上升的比較快速，不過我覺得第一胎
和第二胎差蠻多的，懷兒子的時候不吃到吐我是不會停的，但是懷女
兒時卻少量多餐，對美食也沒太大感覺。我記得當時懷兒子的我就像
一隻大食怪，沒有吃到溢出喉嚨是不願罷休的那種程度，然後吃的過
飽太痛苦還會放聲大哭（老公為我這種笑查某的行為傻眼 n 次）結果

兒子生出來以後就跟我懷孕的時候一模一樣啊哈哈哈哈！媽媽帶我跟兒子去算命，結果師父一看到我兒就說：「這孩子，天生有帶食神。」搞P呀，為什麼不是帶財神是帶食神！把我笑死太神奇了，原來我不是笑查某，我只是被小食神附身！產後我就變回自己了。

這次懷女兒沒像哥哥那麼扯，食量普普，也蠻有體力運動的，而且很愛喝咖啡還有吃牛肉（懷女兒前我是一滴咖啡、一口牛肉都不碰的），懷孕真的超神奇，因為妳不知道這次會被什麼樣的小精靈附身，我想女兒應該是跟兒子蠻不同性格吧？搞不好走文青氣質路線這樣。

本來以為女兒在我肚子裡面比較沒那麼會吃，應該長的比較小隻比較像女孩子吧？ 卻沒想到在孕36週照超音波時，醫生說這孩子很大一隻！現在36週卻是38週的大小，估計重量已經超過3000公克了，頭啊身體啊都很大，而且非常的活躍，照超音波還是一直亂動亂

踢。上一胎兒子在 36 週時也差不多才近 3000 克，女兒居然比食神兒子還大隻！但我的體重只上升了 10 公斤呀，每餐我根本沒吃幾口就呼吸困難，肋骨痛、恥骨痛，妹妹到底是怎麼長大的呀？真的很神奇！

　　有很多人問「懷男生跟懷女生有差嗎？」我覺得差很多！！懷兒子的時候，皮膚還真的比較不好，臉上、脖子上會長一些小小的肉芽，腋下、乳暈、肚皮都變得好黑好難看，最令我傷心的就是那時候鼻子跟腳都變大了，我的腳已經夠大了啊，在亞洲都買不到鞋的那種大，每次有美鞋廠商邀約都只能含淚拒絕，結果懷了兒子後又大了半號到 1 號！腳變大就算了，連鼻子也變大令我很惱怒，整個人皮膚又黑又暗

還長小肉芽、腳大鼻子大，讓我後期覺得自己好像一個巫婆，好在把食神生出來以後，鼻子跟腳都縮回來了，皮膚暗沈處跟小肉芽也都在產後三個月內漸漸消褪，什麼特別的保養品都沒有用欸！真的非常神奇！而懷女兒時，鼻子沒變大、皮膚沒變黑（反而好像還變亮？）腳的尺寸也是一點都沒變，體重也沒上升那麼多，這種默默跟女兒一起變美的感覺好窩心啊！

在第三孕期的最後幾週是身體最不舒服的時期，當時每一天都在倒數卸貨日、幻想著落紅、期待破水，到了後期很難好好跟肚子裡的大寶寶共存，寶寶下踩我恥骨、上頂我肋骨，半夜2到3小時會自動醒來跑廁所，一醒來就全身不舒服得無法再入睡，睡眠不足之外還要拖著笨重的身體行動真的很痛苦，到後面我已經想不起來身體裡沒有寶寶是什麼感覺了。

在最後一兩週時，寶寶的胎頭會下降到子宮頸口，子宮頸也會變軟、宮口也會慢慢打開，常常會站沒十分鐘腿就充血，很麻很脹，走路的時候也會覺得肚子一直在往下掉；那段期間不管是逛街、超市買菜，老公都會緊張兮兮的一直問我：「妳有什麼感覺？要生了嗎？如果在這裡破水，我是不是要擦地板？」搞了半天他只是怕要擦地板而已啊哈哈哈哈！預產期前的那一兩週，我肋骨痛、坐骨神經痛、膝蓋痛、髖關節也痛，能在路邊破水直接生出來我還真是求之不得呀～～不過兒子女兒都還算是很疼他爸，都沒有讓爸爸在外面擦地板。最後生兒子前是半夜在家裡破水的，而女兒的產程則更是曲折，又是一個很長的故事了……

1

身體的變化

辛苦了好幾個月，終於到了第三孕期了，再過沒幾個月就能和寶寶見面囉！在這個孕期，身體漸漸進入越來越笨重的階段，隨著胎兒在我們肚中長大，身體也會逐漸感到不適。在第三孕期的這幾週，我們的身體發生了那些變化呢？

骨骼及姿勢變化

所有在第二孕期的姿勢控制的挑戰都將在第三孕期持續存在，並且在第三孕期變得更加困難。由於體重增加、乳房變大、胎兒位置的轉變導致孕婦較難有良好的站姿，當我們的肚子越長越大並往前傾，對於下背的壓力就會越來越沉重。肚子的壓力、體重的增加、較鬆弛的髖關節也會開始影響走路姿勢，行走會變得越來越困難。

到了孕末期，當胎頭往下來到產道，對於恥骨的壓力會造成我們的不適，而在行走時將下肢外轉以減輕此不適感，導致像鴨子走路一般腿總是開開的，但如果持續以下肢外轉的情況行走，會造成腿後、臀部肌群的緊繃以及抽筋。因此在孕末期，隨時注意正確的走路姿勢是非常重要的，走路時切勿彎腰

駝背、拖著腳走路，走路時核心也要記得發力，即使身體的重心改變，也要盡量提醒自己多用臀部與腿部的力量行走。

呼吸短促

隨著胎兒在最後一期的生長，可想而知我們體內的空間已經達到一個極致，在第 36 週時，我們的子宮已比原始大小高出了 1000 倍！隨著子宮增大，會將我們的橫膈膜往上推多達 3 公分，顯著地降低了肺擴張的空間，進而導致了呼吸短促。值得開心的是，研究顯示有運動習慣的孕妹，有較少的機會發生呼吸困難的情況，表示運動實際上有助於改善呼吸的機制使其更有效率。

腕隧道症候群

另一個可能在第三孕期突然出現的常見不適為手臂、手掌、手指或是足部的麻痺感，這個麻痺感通常是由於肢體的水腫所導致。腕隧道症候群除了是由於長時間壓迫腕隧道的神經導致，例如在電腦前長時間工作等，其實手部以及手腕的水腫也可能導致神經的壓力增加，引起手部的麻痛感。有些孕妹只會在晚上感到麻麻的，有些孕妹則會持續到生產，或是產後都還會有症狀。水腫引起的麻木感也會發生在下肢，但大多數情況下在生產後此症狀就會消失。

坐骨神經痛

　　有坐骨神經痛的孕妹通常感覺到在下背、臀部，或是腿後側有放射性或是令人無力的麻痛感。坐骨神經痛可能由子宮壓迫到神經根所引起，也有其他許多成因，如：髖關節外轉、梨狀肌壓迫等等。坐骨神經自兩側腰部至腿部以及足部，坐骨神經痛可劇烈影響女性的活動力，且由於成因可能是來自於子宮的壓迫，直至生產前能夠改善症狀的措施相當少。坐骨神經痛通常發生在第三孕期，可能因為胎兒姿勢改變而有減輕。

　　有坐骨神經痛的孕妹，可以嘗試進行水中有氧運動，能有效減緩不適症狀。有坐骨神經痛的症狀，要避免會伸展神經的腿部運動（如直膝抬腿至中高角度），這些運動可能會引發症狀。

　　在第一及第二孕期規律運動，以及在懷孕前、懷孕早期建立良好的飲食習慣，有助於避免在第三孕期發生坐骨神經痛，有較好的肌張力使我們能夠支撐身體結構，並有良好的身體控制能力。請避免穿高跟鞋，並訓練良好的孕

期姿勢（避免在電腦前彎腰駝背），有助於遠離坐骨神經痛的困擾喔。

靜脈曲張

從受孕開始，第三孕期是所有身體改變的最高點；鬆弛激素使血管擴張、重力導致額外的體液囤積在下肢而引起靜脈曲張。靜脈曲張的發生主要來自於遺傳，並在懷孕期間特別容易發展而成，也因為是由遺傳基因為主要因素，並沒有什麼辦法可以避免其發生。

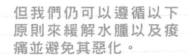

但我們仍可以遵循以下原則來緩解水腫以及痠痛並避免其惡化。

- 如需久坐或久站，一定要偶爾起身活動。
- 避免翹腳坐姿。
- 如果可以的話將腳跨至在桌子、沙發或是小凳子上。
- 保持運動習慣。
- 穿著彈性襪套。

腹直肌分離

當胎兒在體內逐漸長大，他會慢慢將腹腔壁往外推擠，腹直肌以及腹斜肌都會被向前以及向兩側拉伸。當腹直肌被拉伸到極限，但胎兒仍需要生長空間時，腹直肌將會開始左右分離，這種分離稱作「腹直肌分離」，會發生在腹直肌本身連結較弱之處——腹白線（腹直肌中間的腹膜）及肚臍，通常於第

三孕期最為常見。（可參考第 38 頁的圖）

　　腹直肌分離對孕婦來說是十分常見的問題，分離的程度
與孕婦胸腔大小有很大的關聯，舉例來說，身高較高的孕婦因
為有較大的空間令胎兒生長，不至於向前推擠，所以較少發生
腹直肌分離；另外胎兒的大小也會影響分離的程度；基因也左
右了我們是否會發生腹直肌分離。

　　腹直肌分離會降低腹腔壁的完整性以及肌力，並且增加
下背痛的可能性。近期由物理治療師進行的研究（Delp）指
出，運動對於孕婦來說，能有降低腹直肌分離的發生率，以及
腹直肌分離的程度。對腹直肌分離的孕婦來說，穩定性運動格
外重要，特別是腹橫肌以及骨盆底的訓練。大多數的分離在生
產後，胎兒施加在腹腔的壓力消失後，將會自行回復。

　　值得注意的是，腹斜肌的收縮，會使腹直肌往兩側施加
拉力，因此應該避免在孕期鍛鍊腹斜肌。腹斜肌的運動例如反
覆的扭轉，或是空中腳踏車等對角線的運動。此時應該將訓練
重點擺在腹部的穩定性運動，

妊娠糖尿病

　　妊娠糖尿病是一種只發生在懷孕期間的糖尿病，孕婦的
身體在血糖調節產生了問題，許多孕妹在懷孕 24 至 28 週時，
被診斷出高血糖類型的妊娠糖尿病。美國糖尿病協會指出大約
有 4% 的孕妹曾受到妊娠糖尿病的影響，是最為普遍的健康問
題之一。妊娠糖尿病導致的高血糖雖然不會對母體造成問題，

但有可能影響胎兒的健康，對於有妊娠糖尿病的孕妹而言，最主要會擔心過多的血糖被送到胎兒體內，此時胎兒的胰臟就會需要分泌更多的胰島素以代謝血糖，這些過多的血糖以及額外的胰島素，都會使得胎兒額外增重，可能導致胎兒出生體重過重、胎兒過大導致進入產道時較為困難。

對有妊娠糖尿病的孕婦來說，飲食控制及運動是主要的治療方式，每週 4 至 5 天的規律運動被認為是最有效降低血糖的方式，現今許多孕妹經醫師轉介，均會開始執行運動計劃。維持正常的體重是最容易避免高血糖的方式，而運動有助於維持正常的體重，並增加身體利用胰島素的效率，可以不需要額外施打胰島素即可維持正常血糖。此外，壓力也會造成血糖上升，運動則有助於紓解壓力、促進循環，亦為糖尿病患重要的注意事項之一。

幸運的是，通常妊娠糖尿病是短暫的，在孕婦生產後血糖通常會很快地降回正常值。大多數的孕妹在生產後便沒有糖尿病的困擾，然而一旦有過妊娠糖尿病，未來再次懷孕時有同樣問題的機率較高，也較容易有得到糖尿病的困擾。

腿部抽筋

從孕中期到末期，孕妹們可能會因為缺乏鈣質、體重增加，使得小腿肌肉負擔加重，而出現抽筋的情況；在小腿抽筋時，孕妹們應多活動活動腿部肌肉，儘量繃直抽筋的腿部，並將腳板向自己身體的方向下壓以減緩繃緊的肌肉。

手指浮腫、疼痛、發麻

在孕 28 至 30 週之後，我們身體裡的血液循環會越來越不暢通，導致了水分由血管壁組織液裡透出，這時候我們的四肢很容易出現水腫的症狀。在每天早上剛醒來的時候，會最容易出現水腫，尤其是前一晚長時間維持固定的睡姿，這個症狀會更加明顯。

要避免水腫的症狀，在飲食上最好選擇清淡的食物，對於鈉的攝取要適量減少，多食用有助於排水的食物，比如說紅豆湯、黑豆等等，以及含有較多維生素 B1 的食物。當孕妹們感到自己的手指有麻感的時候，可以多多活動活動來減緩症狀，比如訓練握拳放鬆的動作。

恥骨疼痛

在孕第 28 週之後，我們的身體為了使寶寶獲得充分的生長空間，我們的身體會分泌使骨盆伸縮性增強的荷爾蒙。但如果荷爾蒙分泌過多，會使骨盆之間的間隙增大、恥骨過於分離，進而產生了疼痛的感覺。通常來說，當我們坐起、翻身或者是兩腿分開時，恥骨會感到特別疼痛。在兩腿中間放個枕頭有助於減小腿部的壓力，可以降低疼痛感；而在日常的站立中，最好的姿勢是雙腳均衡用力以緩解恥骨痛。

2

孕晚期的
特別注意事項，必讀！

孕晚期需要特別警惕的身體變化：

1. 陰道少量水樣液體流出

　　若陰道裡出現少量液體流出，有可能是破水，也有可能是白帶。若無法確定時，最好到醫院進行檢查，以防止破水之後出現感染。孕妹們一定需要重視這個現象，否則當分娩時才發現感染，會導致十分嚴重的後果，引發感染之後，繼而有可能會引起胎兒敗血症，更嚴重會導致胎兒腦膜炎。若出現了這樣的症狀，請務必多臥床休息，若有必要，可諮詢醫師採用藥物治療。這個時候儘量不要進行性生活以避免發生感染，飲食上忌生冷，多食用新鮮的瓜果蔬菜。

2. 急性妊娠期脂肪肝

　　急性妊娠期脂肪肝屬於極為罕見的疾病，但死亡率卻高達 80%，通常出現在懷孕的七個月之後。此種疾病多發於患有懷雙胞胎、懷男孩或是妊娠期出現高血壓的女性。急性妊娠

期脂肪肝的症狀有，渾身乏力、噁心嘔吐，上腹部不舒服，約一個星期後還會出現黃疸的現象。在黃疸之後，就會處於比較嚴重的情形，這個時候，母親和孩子都會有危險，所以當發現有疑似初期的症狀時，務必儘早地診斷，治療和終止妊娠。

3. 胎膜破裂

在懷孕的末期（大約在 30 週之後），部分的孕妹會出現羊水過早破裂的情況。從醫學的角度來說，此種現象叫做胎膜破裂。當出現胎膜破裂時，產婦會處於十分危險的情況，很有可能出現胎位異常，而且若羊水破裂，孩子的臍帶會易於脫出，孕妹們對於臍帶脫垂的現象一定要重視，因為此時胎兒會缺乏氧氣和血液，容易導致窒息和死亡。如果發現孕婦羊水提前破裂，一定要儘早就醫。

Tips: 孕晚期時應做的準備

- 在家中顯眼和易於找到的地方記錄生產醫院和附近家人的聯繫方式。
- 將生產醫院和附近家人的聯繫方式存入快捷鍵，迅速撥號避免出錯。
- 將生產相關的用品和證件放置於顯眼位置的專用包包中，可在突發情況發生時及時帶至醫院。

懷胎十個月著實不容易！雖然在孕期間盡量保持著愉快輕鬆的心情，但還是必須隨時有警覺性的注意自己的身體，有任何異狀都不能隨便輕忽，畢竟現在身體並不屬於我們自己，而是和肚子裡的寶寶共用一個身體，越接近懷孕末期、越接近生產，就越不能輕易鬆懈大意喔！

3

第三孕期
適合的運動

第三孕期運動的好處？

到了懷孕的最後幾個月，我們的身體會持續產生巨大的改變，背痛、姿勢難以維持、循環不良、水腫等等，而我們可以透過運動來緩解這些不適，並且有助於我們準備生產分娩，以及在生產後面臨更大的身體需求，有研究指出，有運動習慣的女性，對比那些沒有運動的女性，有較少的體重增加，並且能較快速地回到懷孕前的體重。

到了孕後期，越來越接近與肚子裡寶寶見面的日子，有很多孕妹會逐漸產生內心的矛盾與壓力，擔心無法負荷照顧新生兒的日子、對於自己是否能成為一位好媽媽感到焦慮與擔憂，而這個時期的孕期運動，能讓我們保有正向態度。有研究指出，在孕期規律運動的孕妹對自身、懷孕過程，以及即將到來的分娩，可以保持正面的態度（Clapp,1998）。這些女性大部分有自信並期待生產、哺乳以及面對接下來所有挑戰的到來，她們掌控了過去的懷孕過程並有良好的體態，現在她們準

備好在生產後也能掌握自己的身體以及回到懷孕前的體態。

　　在第三孕期，我們的身體會持續變重、肚子變大、乳房脹大，寶寶的位置換慢慢轉變，導致我們在孕第三期難以有良好的站姿，當肚子負擔越來越大的時候，我們會容易不自覺的往前傾，對於下背的壓力也會越來越沉重。除了姿勢的維持變得困難之外，有些孕妹還會經歷坐骨神經痛、髖關節外轉、梨狀肌壓迫、兩側腰部至腿部感到無力壓痛感、恥骨疼痛等等下半身的不適，這段期間骨盆周的韌帶及關節會更加不穩定，所以很多孕妹會選擇在這段期間停止運動，其實還是有一些運動，是適合孕妹們在第三孕期訓練的喔！安全有效的運動可以幫助我們保持正面愉悅的心情。在第三孕期容易會有靜脈曲張的狀況，而適當的活動與運動，對於舒緩靜脈曲張有所幫助，所以如果身體可以的話，還是盡量讓自己保持一定的活動力，對自己、寶寶及產後的生活都有助益。

　　在孕晚期，除了應持續鍛鍊凱格爾以及腹橫肌的訓練之外，這段期間因為下半身比較不穩定、也會比較不適，所以可以將運動時間多分配給上半身的肌力訓練，並且視自己身體的狀況來調整核心訓練的強度，將核心訓練重點

擺在鍛鍊全身穩定及肌肉的伸展為主。平時也要多多練習正確的站姿、坐姿、走路姿勢等，以減緩腰酸背痛的情況。

核心訓練

在第三孕期，仍然可以持續的鍛鍊全身的穩定，如果在孕第三期，身體還不會感到太大負擔、能以標準姿勢跪在地上時，仍可以持續訓練「鳥狗式」及「貓牛式」，如果肚子的負擔太重、太大，也可以嘗試站著練習站立捲腹以鍛鍊核心。

臀腿訓練

在孕後期，下半身的不適會越來越明顯，臀腿的負擔會越來越重，這段時間非常適合在水中做有氧、無氧運動，對於下半身關於肌肉、韌帶的壓力，都有很好的舒緩效果。例如可以在水中作深蹲、弓步、站立捲腹等等動作，都是非常好的第三孕期運動。或是也可以透過調整，將深蹲改為椅子深蹲，以減少對膝蓋與骨盆周圍的負擔。

椅子深蹲

1 找一個與小腿長度等高、穩定的椅子,站在椅子前面。

2 收緊核心、背部打直切勿彎腰駝背,緩緩下蹲,直到臀部輕輕碰到椅子

即可,不要猛然放鬆坐到椅子上。

3 起身 持續保持核心收緊,感受臀部肌肉的收縮帶動身體站起。

上半身肌力訓練

到了第三孕期，因為下半身的負擔已經越來越大，此時可以多將訓練重點擺在上半身的訓練，持續鍛鍊胸肌、背肌、手臂等肌群，可以幫助我們在產後哺乳、抱寶寶維持良好的上半身肌力與姿勢。但在做上半身訓練時要特別注意，此時身體的鬆弛素分泌達到一個高峰期，身體的韌帶關節都會感到更加鬆馳，所以可以利用彈力帶的訓練，來取代對於手腕壓力較大的上半身運動，例如伏地挺身、扶牆挺身。

彈力繩站姿前推

1 將彈力繩固定在與肩同高的位置，採用弓步的姿勢將下半身站穩，站距與髖關節同寬，收緊核心腰腹部。

2 身體稍微前傾，挺胸，收縮肩胛骨，兩手握住把手，掌心向下，肘關節與肩同高或略低於肩。

3 吸氣呼氣時，將手臂向前推出，在即將伸直時停住，不要鎖定肘關節。

4 吸氣還原到初始位置。

5 注意整個過程都要注重胸部肌肉的收縮，並注意整個身體的穩定，切勿隨意晃動。

彈力繩單邊側舉手

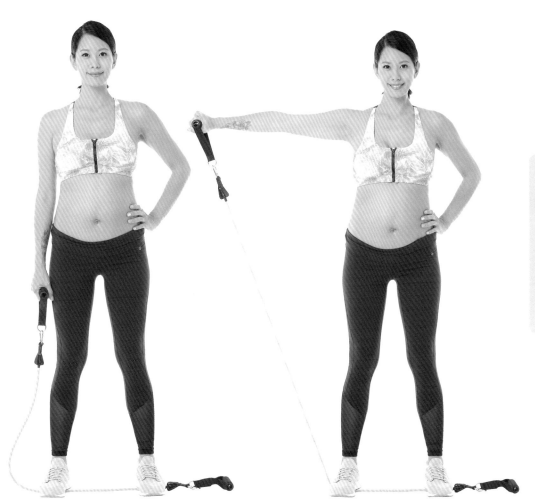

1 兩腳平行站立,踩住彈力繩,手心向下單手握住手柄,另一手插腰或自然放下。

2 抬頭挺胸,核心收緊穩住全身。

3 吸氣,呼氣時,將手臂同時向側邊抬起至與地面水平,吸氣還原。

4 注意整個過程都要注重胸部肌肉的收縮,並注意整個身體的穩定,切勿隨意晃動。

彈力繩二頭肌彎舉

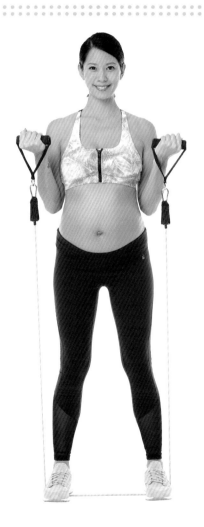

1 雙腳平行站立,將繩踩在腳下,挺胸,肩膀往下壓,核心收緊,保持全身穩固。

2 雙手握手柄在身體兩側,掌心向前,上臂貼緊身體。

3 吸氣,呼氣同時向上彎曲手臂,至肱二頭肌完全收縮。

4 吸氣同時還原到初始位置。

5 注意整個過程保持上臂貼緊身體兩側,不要張開,手肘切勿晃動,專心感覺二頭肌單獨發力。

彈力繩下拉

1 將繩固定在較高的位置,坐在地面上,上身挺直,保持下背部平直,核心收緊,保持身體穩定。

2 掌心向前,雙手握住彈力繩的手柄,吸氣,呼氣時收縮肩胛骨,利用背

部的肌肉,將兩隻手臂同時下拉。

3 上臂與身體約成 45 度角,呈現挺胸姿勢。吸氣還原。

第三孕期的肚子已經很大了，可以利用站姿或是坐姿的動作來做鍛鍊。
第三孕期可能會覺得做臀腿訓練漸漸感到吃力，可將訓練重點擺在上
半身。

雙人深蹲

1 取一張穩定、有椅背的椅子，爸爸雙腳伸直，雙臂伸直支撐在椅墊上，媽媽則膝蓋微彎、雙臂伸直支撐在椅背上。

2 腹肌出力、穩住核心，讓上半身除了手臂之外，其他部位皆固定不動。兩人的手臂緩緩彎曲，注意手肘不要向外展開，盡量向內夾緊，直到上手臂與地面平行後，即可利用三頭肌的力量，將手臂再緩緩伸直回到起始動作。

雙人伸展運動

第三孕期時，媽媽的肚子通常已經很大了，並且會常常感覺腹部的肌肉緊縮不適，此時可以與另一半一同伸展。

兩人背對背坐在地墊上，爸爸膝蓋彎曲、雙腳掌靠在一起，慢慢將上半身向前下壓以伸展大腿內側肌肉；媽媽則可以躺在爸爸的背上，深呼吸，在爸爸彎腰下壓的同時，向後伸展腹部的肌肉。

4

第三孕期的飲食建議

　　在懷孕第三期，寶寶的體重快速上升，也是各個器官發育的重要階段，寶寶的身體會需要儲存大量的營養素，這段時間，孕媽們要攝取足夠的營養素來供給給寶寶，也要為分娩做準備。因此在第三孕期的飲食重點為飲食均衡、持續加強鐵質攝取、預防妊娠併發症，特別是妊娠糖尿病（請見第 127 頁）與妊娠高血壓（請見第 46 頁）與水腫，在熱量的攝取部分，則和第二孕期相同即可，不需要在這個時期吃的更多，同時也同樣要記得多吃高纖的食物以預防便祕。

營養攝取的重點

1. 補充鐵質：

　　一般人對鐵質的每日建議量大約是 15 毫克，而孕媽到了懷孕第三期則會增加為 45 毫克，這份量已無法從飲食中攝取，所以可以請教醫師，適當的補充鐵劑。若鐵質攝取不足，到了第三孕期可能影響胎兒生長，或是胎兒出生時，體內的血紅素與鐵的儲存量會不足。此外，分娩時失血也會消耗大量鐵質，因此孕後期需要特別重視鐵質的補充，避免發生貧血的狀況。

2. 補充分娩與產後需要的大量營養素：

到了孕後期，肚子裡的寶寶也會為出生後的身體儲存大量的營養素，對於鈣、鐵、鋅、銅……等礦物質的需要大增，因此媽媽更要攝取足夠的營養素來供應給胎兒，也要為分娩做好準備。這段時間飲食均衡，攝取足夠的優質蛋白質、維生素和礦物質是非常重要的。

3. 膳食纖維：

到了懷孕後期，我們常會出現便祕的狀況，所以要攝取足夠的膳食纖維與水份，以改善便祕的狀況。可以多吃全穀類、蔬果等，富含膳食纖維的天然食材，少攝取精緻加工食品，寶寶與自己才能更健康。

4. 預防或減輕懷孕併發症：

這段時期需特別注意「妊娠糖尿病」和「妊娠高血壓」。若有高血壓、水腫的現象，要採低鈉飲食，並配合可以幫助利尿的食物如紅豆、綠豆、黑豆、冬瓜、大黃瓜、茯苓、芹菜、大白菜番茄、墨魚、鯉魚等天然食物，切勿高油、高糖、重口味的飲食。

促進食慾不怕胖的
養孕料理！

※ 本篇將孕媽咪在懷孕過程中應多攝取的營養素組合做出以下幾道私房料理，在書中因篇幅有限，僅提供了六道我自己很喜歡、健康營養又好吃的料理，但不是指整個孕期只吃這幾道菜唷！我也希望巧手媽咪們能舉一反三地設計出更適合自己口味的養孕料理！

※ 如果想瞭解更多健康料理的知識與方法，歡迎參考我的《超人氣部落客 Stay fit with Mi 的健身食譜：低卡、低 GI、高蛋白飲食計畫常備菜》

野菇雞肉炊飯

材料

生糙米	1 杯	乾香菇	20g
蒜頭	5 瓣	黑胡椒粉	少許
鴻喜菇	50g	鹽	少許
紅蘿蔔	30g	低鈉醬油	1 大匙
雞胸肉	70g		

作法

1. 雞腿肉切丁，蒜頭切碎，再加入調味料拌勻醃至入味。

2. 乾香菇加水泡開後切丁，所有菇類及紅蘿蔔也切丁，備用。

3. 電鍋內鍋由底而上依序鋪上白米、【作法1、2】的雞丁、所有菇類與紅蘿蔔丁，再加入 2 杯水。

   電鍋外鍋加入 2/3 杯水，按下電源開關蒸煮，至開關跳起後，快速開蓋將飯與料及 1/2 茶匙鹽拌勻，再蓋上鍋蓋，繼續燜 10 分鐘入味即可享用。

TIPS

煮飯用水也可用泡香菇的香菇水替代，增加風味。雞肉放入電鍋前，也可以先大略炒過以增加香氣。

低脂麻婆豆腐

材料

嫩豆腐	280g	低鈉醬油	1/2 大匙
豬絞肉	約 70g	水	2 大匙
豆瓣醬	1 大匙	蜂蜜	1 茶匙
蔥末	適量	香油	1/2 茶匙
蒜末	適量	花椒	1 大匙
辣椒	少許		

作法

1. 將豬絞肉以豆瓣醬先抓醃。加入蒜末、辣椒攪拌均勻。

2. 包好保鮮膜放入微波爐，以中強火微波 3 分鐘。

3. 將 2 大匙水、低鈉醬油半茶匙、1 茶匙蜂蜜、半茶匙香油與花椒一大匙拌勻。

4. 將切好的豆腐丁加入做法 2，淋上作法 3，再放入微波 3 分鐘，取出攪拌均勻，撒上蔥花即完成。

番茄豆腐肉片

材料

板豆腐————80g
雞肉火鍋片—60g
番茄————100g
蔥段————適量
番茄醬————1 大匙
鹽————適量

作法

1 板豆腐切丁,將豆腐汆燙 10 秒鐘後瀝乾,裝盤備用。

2 番茄切片與肉片及所有調味料拌勻,淋至做法 1 的豆腐上。

3 電鍋外鍋倒入 1/2 米杯水,放入做法 2 的盤子,按下開關蒸至開關跳起後,撒上蔥段即可食用。

香菇青江菜

材料

青江菜	200g
香菇	4 朵
香油	1 茶匙
鹽	少許

作法

1. 將青江菜洗淨切段備用。
2. 將香菇泡軟後切絲備用。
3. 將香菇與青江菜及香油與鹽拌勻後，蓋上保鮮膜以微波爐加熱 2 分鐘後即完成。

蝦仁花椰菜飯

材料

綠花椰菜	100g
白花椰菜	100g
紅蘿蔔片	30g
蝦仁	60g
生糙米	50g
水	60cc
香油	1 茶匙
鹽	少許

作法

1. 將糙米洗好後，至容器中，將開水蓋過糙米浸泡 2 小時以上備用。
2. 將蝦仁與半茶匙香油、鹽少許拌勻備用。
3. 將糙米瀝乾後，再加入白花椰菜、紅蘿蔔片、水 2/3 cup，放入電鍋中，外鍋加入一米杯水按下開關，蒸煮至開關跳起。
4. 加入蝦仁至內鍋中，外鍋加 1/3 米杯水，按下開關，蒸煮至開關跳起。
5. 再加入綠花椰菜悶約 5 分鐘至熟後，拌入半茶匙香油即完成。

清爽時蔬

材料	
新鮮香菇	50g
綠花椰菜	100g
紅椒黃椒	50g
水	5 大匙
鹽	少許
胡椒	少許
香油	1/2 茶匙

作法

1 將新鮮香菇洗淨切小塊、花椰菜洗淨切小塊、彩椒洗淨去籽切小塊備用

2 取可微波容器,將所有蔬菜放入容器內,加入 5 大匙的水、鹽、香油攪拌均勻。

3 蓋上耐熱保鮮膜後,放入微波爐中加熱 3 分鐘。

4 取出後用筷子攪拌均勻,在至入微波爐中加熱 3 分鐘。

5 取出後依喜好撒上少許胡椒即完成。

Chapter 5

剖腹產後的身心調適

及產後調養

1

剖腹產後的心理調適
與身體恢復狀況

*生產實錄請見第 224 頁

意外剖腹，身心極度沮喪！

由於我在孕期一心的想著我會是順產孕妹，所以我一直都沒有做任何心理準備要被切這一刀，更沒有事先規劃要如何復原、剖腹產後要怎麼慢慢回到從前那個愛運動的健身生活，這一切實在來的太突然，導致開完刀後我的心情真的是 down 到谷底，除了身體全身痠痛到極點，像幹完一場架一樣，手臂、腹肌、背肌、腿肌，就連脖子的肌肉都在痠痛，是那種又鐵又軟的感覺，這些無疑是奮力 Push 了四小時的禮物，比過去上健身房任何一次都還要痠痛！但是這跟剖腹產的傷口痛真的一點都不算什麼！

雖然醫生有幫我開一個讓我隨身抱在身上的止痛點滴藥水，但是不知道為何傷口真的一直很有感覺、很痛很痛很痛。本來我一直拒絕吃口服的止痛藥，想說已經打了無痛點滴了，再吃口服藥怕多少對母乳對寶寶不好，所以能不吃就不吃，我相信我可以撐過去；雖然剖腹產奶來的慢，但是我也相信我可

以熬過去；雖然全身都又痛又累，但是我相信我可以是我心目中的那個超人媽媽！

然而，我終於在生完第二天的半夜崩潰了，我記得當天晚上是輪到老公留在醫院照顧我，讓媽媽回家去好好睡一覺，而我可能是因為老公陪我，整個堅強意志瞬間崩塌，一開始只是半夜起來擠奶擠不出來對老公發脾氣，老公一直好聲好氣地安慰我還幫忙按摩，但我還是莫名地超氣，氣到後來開始嚎啕大哭，完全停不下來的大哭！我是因為擠不出奶哭的嗎？我是因為生老公氣哭的嗎？我不知道，老娘就是想哭！徹底的大哭！剛好半夜巡房的護士小姐來幫我量體溫及血壓，她看到我一把鼻涕一把眼淚的，很溫柔又老練的問我：「Why are you sad？」我實在是哭得抽搐到說不出話，然後她又問：「Are you feeling the pain？」我依然說不出話地搖搖頭。雖然痛，但倒也不是痛到讓我這樣崩潰啊，她又問：「Are you just frustrated？」這句話瞬間有一種突破盲腸的感覺！我猛然地點頭，原來就是這個，我就是整個大沮喪所以崩潰的啊！不愧是常照顧產婦的溫柔護士嗚嗚嗚，然後護士開始很溫柔的安慰我，跟我說：「不要害怕，妳很累、很痛，第一次當媽媽，這些都是正常的，只要會痛就馬上按鈴叫我，我會給妳止痛藥，不要擔心會傷害到寶寶，這些藥都是經過研究非常安全的。」說完就給我一顆止痛藥，幫我量了血壓、體溫後，要我好好放鬆地睡一覺，半夜一次沒擠奶沒有關係，寶寶有配方奶餵得飽飽的呢！那晚我真的睡得很香甜，好像把連日來偷偷爬到我肩上的壓力通通宣洩出來了，那時我才意識到，原來產後憂鬱是真的！

仔細想想，一般上健身房狂操兩小時，隔天基本上都會好好睡好好吃，讓身體自我修復肌肉，但是生產馬拉松完全是另外一回事，經過不吃不喝十幾個小時，陣痛十幾小時，到了可以生的時候，全身上下的每個細胞感覺都一起在努力用力地生寶寶。直到經歷過生產，我才知道人體無極限，可以不吃不喝（不過有打點滴啦），這樣靠意志力出力這麼久，而且是在十級以上的陣痛巔峰逼自己憋氣出力，最後卻被推去開刀，又開始了一段傷口疼痛之路之餘，還要每 2 到 3 小時設定鬧鐘起床擠奶，根本不可能好好放鬆休息啊！也因為剖腹產，所以就算生完了還是不能吃飯……這一切經歷根本就是媽媽的意志力挑戰營！

合體的日子結束，我是媽媽了

出院之後回到家開始坐月子也是另一個痛苦的開始，因為家裡沒有向醫院那種可以調整傾斜角度的電動床，由於腹肌實在太痛了，所以在醫院我都是依靠那個床幫助我起身跟躺下的，我受傷的核心完全沒有辦法靠自己的力量起身與躺下，在醫院嘗試了好幾次，在有打止痛點滴的狀態下，我依然無法使用我的核心發力。回到家後每走一步路都艱辛到落淚，我這時才知道核心肌群有多麼重要，原來生活中無時無刻都在使用這些肌群啊！

步步艱辛地走回房間後，面臨的第一個挑戰就是躺到床上。我試了一些方式，坐著再躺下讓腹肌完全無法施力、先趴下再轉身也不可能，傷口會讓我痛到尖叫，最後還是只能呼叫老公在我背後幫我撐著背，由他當人工電動床的概念我才躺下成功。就連簡單的躺下與起身都要我的命，更不用說是運動了……接下來的日子我要怎麼過啊？

加上擠奶、餵奶的磨合期，我的乳頭被不會吸吮的兒子磨到流血起水泡，哭著用針搓破水泡後，用母乳塗一塗讓乳頭修復一小時後再繼續餵；全身又痛又累，也沒有睡超過 3 小時過；剖腹產奶量不足的我，半夜再累、頭再暈，都還是設定鬧鐘起床來擠奶，好幾個夜裡看著裝不滿的奶瓶、紅腫的乳頭，以及被切一刀的腹肌，我的眼睛都是哭腫的……對了，就連低頭哭泣都會看到打完麻醉、產後腫成像麵包一樣的雙腳，那段日子回想起來，只有「慘」一字可形容啊。

好隊友養成之路，需要一起努力！

產後的幾個禮拜我的情緒非常不穩定，甚至看到兒子就有壓力，看見老公就很想埋怨他，那段時間我是個很難相處的人，什麼事都不順眼，都會讓我想哭又喪氣，好想大哭大吼，幸好老公真的很有耐心，面對這樣的我，仍是用愛包容、耐心安撫，看我很痛苦他還會跟我道歉，很抱歉讓我這麼痛，也會想辦法讓我放鬆心情。

其實在鵝子出生後的前兩週，我老公很容易狀況外，回

到家不會去多看兒子幾眼，兒子在哭他也不知所措的一直看著我，換尿布、餵奶、洗澡等等，好像都與他無關似的，為了他這樣的態度跟他崩潰大吵過一次，他只有一直道歉、承諾繼續努力地學習怎麼當爸爸。後來我想想，這也真的不能責怪他，畢竟懷胎十個月的人是我、生下小孩的是我，但就連我都常常會忘記「我有一個小孩了、我是一個媽媽了」的這件事，我相信他會需要花比我多的時間來適應這件事，所以我們花了一些時間好好溝通目前為止彼此當父母的感想與感受，讓我們兩人有一致的共識和步調，漸漸的才開始有隊友的感覺。

　　我想我不是天生的媽媽，而他也不是天生的爸爸，當我們兩個溝通過後，開始漸漸比較能一起面對寶寶對我們生活帶來的挑戰、我們兩人之間的摩擦也就越來越少了。

相信身體的修復力，
放鬆地享受當媽媽

　　在出院前，醫院的護士和我說剖腹過後六週就會復原得差不多了，說真的我怎麼也不相信，畢竟我連起身、躺下都辦不到啊！但是人的身體真的好神奇，親身經歷過這段路，我才知道身體的自我修復能力有多麼強大！

　　吃全餐後的第一週我無法起身、躺下，連坐下我都辦不到；產後第二週，我慢慢可以偶爾靠自己的力量、扶著椅子把手坐下了。產後三到四週開始，日子突然就沒那麼難熬，傷口也漸漸沒那麼容易痛，本來連打噴嚏、咳嗽都痛到落淚的腹

肌，也越來越沒這麼難以承受了。感謝親愛的身體給了我一點信心，它真的有在復原！所以我開始放鬆心情讓身體自己去變化，而我的任務就是好好吃、好好睡，給身體時間與營養。

到了產後第 5 週，我發現我外出散步已經可以走超過 15 分鐘也不會頭暈了，從床上起身也越來越不吃力，所以老公開始帶我回健身房試試看走跑步機、練練上半身的肌力，幫我重建信心，找回以前自在運動的感覺。即使體重完全沒動、可以做的運動還是有限，但是讓身體和心理都重拾信心真的非常重要，我開始重新打起精神，認真幫自己規劃適合的運動。就算速度很慢，但至少我知道我正在往重建的方向走去，這比迷惘與喪氣的原地踏步要有意義多了！

「我們不要再生了，好嗎？」這句話是那段日子老公每天都會問我的話，雖然生產及產後復原的經歷真的很可怕、很極限，現在邊打字邊回想起來，覺得經歷過那些之後的我，差不多是不死之身那麼勇了，沒有度過這些身心的痛，也不會知道自己的彈性可以這麼大。痛會過去，歷練的成長會留下，而且人真的很健忘，因為不到一年我又懷了第二胎啊哈哈哈哈。

現在的我很享受生活，每天起床看著兒子、女兒對著我笑，那些生產的痛真的是過去了。看著兒子、女兒一天天長大，從一隻軟趴趴的小嬰兒，變成現在這樣會翻來翻去，開心地又笑又尖叫健康的小屁孩，痛得要死的那幾天真的很值得！

2

剖腹產後多久
可以恢復運動？

在產後運動之前──
比運動更重要的是放
鬆心情！

　　術後三天出院才剛回到家，我就開始焦急的每天照著鏡子，問我的身體到底何時可以讓我開始運動？我真的好想要動一動，好想念我活躍又力氣的身體！接下來的月子期間，月子餐很營養，但是我卻吃得很沒勁，總覺得因為無法運動，這些多餘的熱量全部都會變成脂肪跑到我產後鬆鬆的肚皮裡，讓我的肚子永遠都消不下去。但是為了寶寶的母乳我還是努力地吃，體

重也降得非常非常慢，打麻藥造成的水腫更是遲遲不消退，我的信心徹底被肚子上突如其來的這一刀給擊敗了，我想也是因為產後賀爾蒙驟變的關係，讓我產後面對這一切非常的悲觀。

「我的身體已經不是我的了。」這句話無時無刻都在我腦海中吶喊著，我想跑跳、我想舉啞鈴，我想要我的身體恢復正常！！

到底要多久我才能恢復正常？

在美國，一般來說 6 週是一個標準答案，但其實每個人身體都不同，下面是一些身體「已經復原」的一些指標：

- 子宮已經恢復成孕前大小。
- 惡露已排完、不再出血。
- 可以正常地走一段時間與距離的路，不會感覺到任何疼痛。
- 可以正常有性行為了。
- 逐漸回到孕前體重。

但是也有可能你都符合上面每一項的標準，卻不覺得自己的身體真的回覆正常了，或者，都已經過了 6 週，怎麼還是覺得自己的身體還沒恢復正常？

歐美有研究調查 17 位產後媽媽們，發現「產後 6 週後恢復正常」這個時間幾乎是一個幻想，大部分的媽媽們在產後 6 週仍然不覺得自己的身體已經恢復正常了。另一項發表在《Archives of Family Medicine》月刊的研究顯示，有 25% 的媽媽們並不覺得在產後 6 週就已經恢復正常了，20% 的媽媽們甚至要到產後一年，才能正常的與丈夫發生性行為。

因此如果妳已經過了產後六週，仍覺得自己的身體還「不

夠正常」，這絕對是正常的！因為我們的身體花了 10 個月的
時間孕育、產下一個活生生的人，只花 6 週就要母體完全復原
確實是強人所難呀！

　　我從產後第 3 天回到家，就開始天天照三餐看著鏡子裡
的自己，覺得氣餒又無助，我好想要身體趕快變正常，我好想
要我的腰快點細回去，我好想要做重量訓練、感受隔天的肌肉
痠痛，我好想要在跑步機上爽快的衝刺！但是我已經不是我

了……即使我在懷孕 4 個月的時候，就上了孕產婦的教練研習課程，知道產後會需要一段時間讓身體復原，但是說實在的，當這一切真實的發生在自己身上時，卻無法確實的把所學的知識發揮出來，因為生產給心理的衝擊真的大過身體很多很多！

經過了幾個月的調適、漸漸回到軌道，才慢慢地找回原來的自己，走過這一遭，我想要用自己經歷告訴每位產後媽媽：

現在強壯你的心，會比強壯你的身體還要重要；我們不僅要拖著不適的身體生活，還要照顧新生兒、擠奶、對付乳腺炎、永遠睡不飽，有些媽媽更要在坐完月子沒多久後就準備重返職場，這時候再額外替自己加上產後瘦身、恢復體能體態的壓力實在是沒有必要，所以這段期間，好好的聽身體的聲音，給身體時間，放鬆心情、調整生活步調才是這個階段最重要的。

產後運動雖然可以慢慢的幫助我們把身體的感覺找回來，但是比起身體的力量與恢復產前活動力的與否，我認為更重要的是心情的調適，若妳始終

認為回不去孕前的自己了，始終覺得不管怎麼努力，怎麼都和以前的妳不一樣了，我想告訴妳一件事情：「妳的身體真的不一樣了。」妳剛剛生了一個寶寶，所有的事情都不同了，妳會感覺自己很不完整：若是經歷自然產，妳可能會感覺骨盆底肌非常無力，光是大笑、咳嗽好像都會有差點漏尿的感覺。若妳經歷了剖腹產，妳會感覺到腹肌怎麼瞬間都消失了？經歷了 push 4 小時外加剖腹產的我，完全能體會妳們的感受！這些感受對我們來說都是陌生的，更不用說整個生活也正經歷巨大的改變，每三小時擠餵奶一次、嚴重睡眠不足，望著最熟悉的小小陌生人，妳甚至都還沒意識到自己現在已經是個媽媽了；這些身心上要面對的挑戰這麼大，何必在此時追求那個孕前的自己呢？

　　或許因為我們常在新聞媒體上看到這樣的標題——「某某女星懷孕只胖 8 公斤」、「某某女星產後馬上瘦 10 公斤」，讓我們不禁會質問自己：「天啊我懷孕胖了 20 公斤是不是太誇張？」、「我產後怎麼只瘦了 3 公斤？」，這真是天下最沒必要的擔憂了！用體重來定義胖瘦完全是錯誤的，因為我們不知道我們的胎盤比那些女星重還是輕？她的羊水和我們一樣多嗎？我們的肌肉與脂肪比和那些女星比起來真的差很多嗎？我產後因為打了麻藥而身體水腫，那些女明星有嗎？我們的 20 公斤不一定是脂肪，女星的 8 公斤不一定不是肥肉，每個人的身體都不一樣，狀況都不一樣，若只追求一樣的數字，是不是很沒有意義呢？

　　別急，給自己一點時間

　　我想和所有正在經歷產後辛苦的復原之路的妳說，當妳

開始不自覺的想質問自己，何時能回到孕前的自己、要怎麼樣才能瘦下來等問題的時候（相信我，不管怎麼忍耐，常常還是會不自覺得出現這些疑問），妳可以試著看看剛生出來的寶寶，看看他的小手小腳，觀察他細細的睫毛，摸摸他粉嫩的臉頰，然後告訴自己：「我剛生出了一個寶寶！」這不是轉移妳的注意力，而是提醒自己，才剛經歷了多麼偉大又耗工程的一件大事，經歷了近 10 個月的生理巨大變化，妳的努力與付出，給了妳眼前這個小寶寶一段屬於自己的人生，這是多麼不可思議的一件事呢？

對我來說，產後運動的目的並不是要讓我回到孕前的自己，而是鍛鍊自己修復與重建的能力，學會擁抱現在的自己比什麼都來的重要。上天給了我們女人生育孩子的天賦，讓我們必須面對這樣的挑戰，這是一種禮物。度過了這一關，回頭看看，會發現妳更堅強、更有責任、韌性更強，妳不需要變回孕前的那個自己，因為妳會更愛現在的自己。我們一起當一個驕傲的媽媽吧！

3

意料之外的二寶來報到！
二胎剖腹產後調適

又再一次在計畫之外懷孕！完全奇蹟似的懷孕，驗了 16 支驗孕棒才終於相信懷上二寶了！這次懷孕，在心情上的感受是很期待，但又難免擔心未來的日子，以及大寶能否適應。這一胎身體更不舒服、飲食更難控制，但是好在孕前有非常好的體態狀態，所以這一胎比較有本錢嘔吐跟亂吃。孕中期有好好重訓與運動，因此這一胎體力也很好，孕期中玩得很開心，完全閒不下來。

懷了二寶之後，最主要擔心大寶能否適應，加上還有一大堆明年的計畫，擔心會亂了原本的計畫，但是寶寶就是來了，於是開始調適心情接受她！這胎真的是命中註定來的，因為是生理期第七天受精成功……懷這一胎不像第一胎會想東想西的，反而放鬆許多，更看得開，因此我很隨心所欲，覺得懷孕期間想哭、想生氣、想笑都隨她去　越去控制反而會越想太多，也就是因為這胎比較放鬆、隨心所欲，所以相對的心情也比較好，活動力也比較高。在懷二寶時，我就不時的教育大寶，二寶即將的到來與存在（事後證明非常成功喔！）

令人驚喜的修復速度！

有了上一胎的經歷，在生產前幾天，我一直跟老公討論著如果剖腹完肚子很痛，到時候我起身、躺下等等會很有障礙，要不要事先準備在床邊裝個什麼機關？還是乾脆買一台電動床算了啊？（我真的被上一胎產後痛到怕了），老公想了一晚，跑去了 Home Depot 買了一些繩索啊、登山用的那種掛勾啊等等，還真的幫我在床邊做了一條讓我可以抓著起身的繩索哈哈哈哈哈，但是看起來非常難用，可是也沒有其他方法了，只好先這樣，到時候再說。結果出院回到家，第一次沒有止痛藥點滴、沒有電動床、沒有人攙扶我的情況下，我居然有辦法自己躺到床上！我這才恍然大悟，原來剖腹產根本不會那麼痛啊！上一次明明就花了我約莫兩週以上的時間，才有辦法達到現在的進度，怎麼這一次出院第一天就辦得到？所以說上一次完全就是兒子來討債的嘛！（應該也跟醫生莫名其妙讓我生了四小時、腹肌全都撕裂有關……）。

在發現我的身體復原狀況這麼好之後，我的心情簡直大好！而且這次產後腿部也不像上一胎腫成麵包一樣，我相信這次我一定可以復原得很快！我充滿著信心這樣想著，所以這一次，在坐月子期間，我就會抽空躺在床上開始練一些基本的核心運動，例如鍛鍊腹橫肌的呼吸法、橋式、凱格爾運動等等，每天做個 5-10 分鐘，慢慢找回控制身體深層肌肉的感覺。

這一次的奶量很足夠、女兒也喝得很不錯，只花了一週多的時間就學會正確含乳，不知道是因為我晉級了還是第二胎

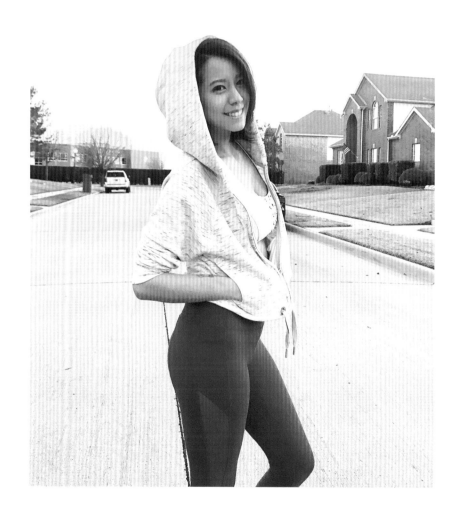

妹妹是來報恩的，我覺得這一次的一切都十分得心應手，所以
一坐滿月子，我就摩拳擦掌的開始運動，我相信這一次我的狀
態這麼好，一定很快很快就會回到孕前的體態！

突如其來的意外

　　無奈事情沒有如我預想的如此順利，本來一直都在幼兒園上學的兒子，剛好在我產後第二週得了感冒，有好幾度我懷疑幼兒園根本就是全美國最毒的地方，每次只要兒子一在學校生病，我們全家都會嚴重中標，小孩子的病毒比大人的強好多！而這次兒子生病，雖然我們很謹慎地把剛出生的妹妹和他隔離的很徹底，但沒想到最後是老公、我媽都被兒子傳染，最後我也淪陷了，我一淪陷，才出生兩週大的女兒也中鏢了！才剛從我肚子裡出來、正努力適應這個世界的女兒得了重感冒，是我這段月子期間最難過傷心的事，她小小的鼻子裡滿滿的都是鼻涕，哭聲還帶著濃濃的痰聲，醫生檢查她的喉嚨都是紅腫的，才出生 14 天的寶寶竟然要受這種罪。好幾次我都在半夜邊拍痰邊流淚，恨不得將她塞回我的肚子裡，不需要自己呼吸、喝奶，只需要接受我們母女相連的臍帶給她的營養就可以輕鬆地活著。

　　由於妹妹實在是年紀太小了，醫生無法用藥、無法打針，什麼也不能做，只能讓她自己撐過去，而妹妹能做的就只有喝奶，所以我很努力補充孕哺維他命、認真吃月子餐的補湯，買了寶寶安撫精油還有加濕器，整天和她關在房裡等待病毒被身體打敗消滅；妹妹真的是一隻來報恩的孩子，即使這麼不舒服，小小的她，居然不哭不鬧，我餵完奶後她就沉沉睡去，半夜自己咳嗽咳醒也沒有哭，水汪汪的眼睛看著我等我抱她起來喝奶，那時候我看她這樣咳嗽真的心疼不已，這種深度大咳就連成人都會咳到腹肌酸痛了，而她只有 14 天大耶！連腹肌都

還沒長好啊嗚嗚嗚。勇敢的妹妹根本就是個小戰士，終於在兩週後漸漸地自我康復，當媽的我也鬆了一大口氣，然後當機立斷的決定：讓哥哥暫停去幼兒園上學了！

小心觀察大寶的心情

做了這個決定之後，我們開始適應真正的雙寶生活，一大早兒子 7 點準時起床，開始吵著要吃早餐、念故事書、玩玩具，當時來幫我坐月子的媽媽除了幫我準備月子餐之外，還要幫我輪流照顧女兒還有陪兒子玩，我半夜自己照顧新生兒妹妹，大約凌晨 5 點餵完奶之後，再由媽媽接手照顧，我接著繼續補眠三四小時，起床後就是陪兒子玩，由於妹妹是新生兒，基本的需求很容易滿足，所以我花滿多的時間陪伴兒子，小心翼翼地注意他的感受，不讓他有妹妹出生後給他的愛就變少的感覺，而我也因此花了一些時間做自我的調適。陪兒子的時候總覺得自己好不公平，妹妹就是吃吃睡睡，可是她會不會默默覺得媽媽很偏心？所以除了餵女兒喝奶之外，只要兒子午睡或是晚間入睡，我就會跑去陪妹妹、抱抱她和她說說話，努力想要讓妹妹享有一年半前和哥哥一樣的愛與陪伴，這樣下去幾天，最後我發現我已經找不到時間休息與運動了。

被家庭和孩子綁架，媽媽的自我呢？

　　本來都安排好要開始努力運動的計畫，隨著兒子暫停幼兒園後，我的計畫也暫停了，只有偶爾很幸運碰巧的兒子跟女兒都在午睡，我就趁著這短暫的寧靜時刻做運動，但是拖著休息不足的身體運動真的不是一件好事，常常運動完隔天全身痠痛，還必須起床餵奶、陪玩，被雙寶生活擠壓的喘不過氣……有一天我發現，我好像又漸漸開始失去自我了。和老公討論了很久，覺得這樣下去真的不行，把家裡的開支預算重新計算安排一下，決定用暫停幼兒園省下的學費，再貼一些錢請一位保姆來幫忙。

　　有沒有保姆真的差很多！之前聽過一句話「老公和保姆掉到海裡，絕對要救保姆！」這句話真是說的一點都沒錯（不過老公會游泳啦哈哈哈哈），保姆才來第一天，就讓我放心地去休息好好睡一覺，她可以幫忙顧新生兒，嬰兒睡了她也能幫我陪兒子玩、念故事給兒子聽，這一切都解套了！我的心情也開朗了，面對孩子與老公不再焦慮與緊繃，我深深覺得，全職媽媽一定要想辦法過得開心，生活平衡真的非常重要，如果有了負能量就要馬上面對與解決，有了健康、正面、快樂的媽媽，才能有幸福美滿的家庭，是我悟出的道理。

　　在家裡有了保姆之後，我開始每天進健身房，循序漸進地找回運動的感覺，鍛鍊核心肌群、臀腿肌群以及上半身的肌肉，還會每天抽時間在跑步機上爬坡、快走、慢跑等等，盡量讓心跳率維持在燃脂有氧區間，才產後兩個月，我就開始了一

週三次的無氧肌力訓練、一週 4-5 次的有氧運動,週末還會安排瑜珈做全身放鬆;我終於可以認真執行我的產後瘦身計畫了! 我這次一定可以恢復的比上一胎還要快! 我充滿信心的這樣想著。

然而，事情依然沒有我想像的順利，我整個孕期重了 13
公斤，而我產後的體重與體態，只有在坐月子期間陸陸續續掉
了大約 8-9 公斤，但光是妹妹就近 4 公斤、胎盤啊惡露啊等等
也差不多 2-3 公斤吧，身體也因為打麻醉囤積了一些水份。在
那之後連續 3 個月，我的體重卻是一動也不動，雖然我本來就
不是很在乎體重數字，且因為在哺餵母乳，所以體脂計也不準
確，可是照起鏡子看起來還真的都沒什麼改變。

　　這三個月之間，我從信心滿滿、堅持毅力、漸漸演變成
失落失望、自我懷疑、消極喪氣，因為跟上一胎比起來，明明
我的身體狀態就還不錯，而且運動做的比上一次還勤、飲食控
制也更嚴格的精算三大營養素的比例及攝取與消耗的卡路里，
這一胎我乳汁也分泌的比上一胎還多，照理來說應該復原的進
度會比上一胎還快呀！

　　每當我失落又喪氣的時候，我就會回頭看看自己上一胎
在臉書寫過的產後文章，每隔兩三周就要重新整理心情，鼓勵
自己堅持下去，「給身體時間，給身體時間，吃的對、有運
動，再怎麼樣都不會錯，只是產後身體的賀爾蒙還沒有回到正
常水平，再給身體一點時間吧！」每隔一段時間，我就會深呼
吸，這樣的告訴自己，不放棄運動、不放棄健康飲食。

　　說實在的，第二胎的產後恢復之路真的比第一胎還要卡
關，這三個多月，不論怎麼調整飲食，嘗試高碳水、低碳水、
調整卡路里、調整運動強度，體態與體重不動就是不動，我所
學過的各種健身與飲食的專業知識，居然在自己身上都完全無
法發揮作用！如果是照懷孕前的我，以我對自己身體的了解，
通常這樣的運動及飲食安排，我大概早就把 5 公斤的脂肪給減

掉了！

　　這段時間我只有努力的鼓勵自己，除了看自己寫過的文章、不斷對自己信心喊話之外，我也常會看看一些歐美的健身媽媽部落客，有著3個小孩、4個小孩的健身媽媽多的是，他們也都和我一樣從產後臃腫、鬆弛的狀態走過來的，他們可以，我一定也可以！再說，除了身材之外，更重要的是健康，現在有了兩個孩子，至少堅持了這幾個月下來，雖然沒有變瘦很多，但我更有精神與體力了，為了能夠陪伴孩子們到老，我一定要以健康為出發點，千萬不能因為身材沒有改變就放棄過正確的健康生活！

　　經過了好幾次對自己信心喊話、調適再調適，我慢慢學會了放鬆，剛開始真的把自己逼的壓力有點大，找到保姆沒多久，就趕緊一週練5天以上那麼拚，雖然我的運動強度都有循序漸進，可是我太過於心急，常常身體其實需要休息，我卻很緊繃的又跑去健身房，想說再怎麼樣也跑個跑步機吧！彷彿我

只要一休息就會發胖般的神經質；可想而知，這樣的我壓力大、休息也不足，只把重點放在運動及飲食上，顯然沒有成效，這段時間我還真的忘記自己時常在粉絲團提醒大家過的「賀爾蒙對我們生活的影響非常大，它可以影響飲食、睡眠、增肌、減脂等等，其實各種疾病的開端都跟各式各樣的賀爾蒙分泌有關，可見調適壓力及讓身體好好休息有多重要，想要減脂減肥，絕對不只是少吃多動這麼簡單，健康飲食、規律運動、充足睡眠、調適壓力，這四件事情是一樣重要的。」

　　所以我開始學習放鬆，就像我第一胎產後的體悟——產後運動的目的並不是要讓我迅速回到孕前的自己，而是鍛鍊自己修復與重建的能力，學會擁抱現在的自己比什麼都來的重要。

　　漸漸的，終於在產後五個月左右默默的突破卡關狀態了！身體好像上了軌道似的，體脂、囤積的水份都開始代謝掉了，腹肌馬甲線也漸漸現形，而我這陣子做的運動、飲食控制，反而還比產後卡關的那三個月還要隨性欸！

　　這段期間真心的放鬆，有時間、有心情有動力就運動，沒有運動卻也沒有給自己罪惡感，把大部分的時間放在休息放鬆，也沒有特別去斤斤計較卡路里及三大營養素的份量，只有餐餐把握住清淡、低醣、高蛋白、低脂、大量飲水，並且每週還會偶爾吃吃外食大餐幾頓，沒想到反而在這樣的狀態下突破了瓶頸……這胎的經驗，讓我更深切體會到睡眠、飲食、調適壓力都比運動重要太多了！

　　以下是我這兩胎所做的產後體重記錄，因為體脂很難測量的準確，所以我並沒有特別去紀錄體脂數字，但我建議各位媽媽們，影響體重的要素實在太多了，區區一個數字包含有骨

頭重量、脂肪重、水份、肌肉等等，就連多穿一件衣服都會多幾公克了，甚至短頭髮的妳和長頭髮的妳重量可能也不同，太過在意體重數字，反而會讓自己陷入不健康減肥的惡性循環，所以我建議產後這恢復的這段期間，先把重點擺在力量是否變大，精神是否變好、體力是否增強、身體是否更加輕盈？千萬不要覺得體重就直接定義了胖或瘦，調適好心情，也才能夠讓賀爾蒙正常分泌、幫助減脂。

不過我知道每位媽媽都還是會想要看看別人產後掉的體重，來作為自己產後恢復之路的參考，所以我還是附上了我的體重紀錄如下：

從對比紀錄可以看的出來，我的第二胎產後恢復的速度比較緩慢，不僅從體重數字看起來是這樣，體態看起來也是這樣……可想而知我有多麼焦急，畢竟我第二胎做了比第一胎還要多很多的努力，然而身體不聽話就是不聽話，加上孩子多了

	第一胎	第二胎
孕前體重	53	55.5kg
生產前體重	67kg (+14)	68kg (+12.5)
產後六天體重	63.2kg (-3.8)	62.7kg(-5.7)
產後九天體重	61.6kg (-5.4)	61.8kg (-6.2)
產後兩週	59.8kg (-6.2)	60.8kg (-7.2)
產後三週半	58.5kg (-8.5)	60kg (-8)
產後七週	57kg (-10)	60kg (-8)
產後三個月	55kg (-12)	58kg(-10)
產後四個月	54kg (-13)	58kg(-10)
產後五個月	53kg (-14)	56 (-12)

一個，時間又少了一大半，好幾度我都懷疑自己是不是就會一直這樣下去了？是不是生完第二胎就真的回不去了？

　　如果你也像我這樣，那麼請記得一定要持續鍛鍊自己的耐心，產後恢復之路和一般的減肥之路完全不一樣，考驗的完全就是意志力、恆毅力以及信念。體重數字只是參考，不能代表一切，例如我第二胎產後運動做了比第一胎還要多的肌力訓練，我想肌肉量與上一胎產後是完全不同的，加上鍛鍊肌肉的同時，肌肉組織會被破壞再修復，修復的期間會需要囤積水份來協助生成新的肌肉組織，這個時候若同時體脂也沒有下降很多，則身體就會呈現比較浮腫的狀態，體重數字也不會很好看，因為肌肉與水份都是有重量的，所以這段期間體重數字就當作參考即可，最重要的還是鍛鍊自己的內在與身體健康喔！

Chapter **6**

育兒與健身，如何達到平衡？

1

產後的身心狀態
──關於產後憂鬱

　　不管是第一胎還是第二胎，產後或多或少都會經歷一些複雜的情緒，懷孕的我們從大約第 25 週開始，一直持續到預產期之間，賀爾蒙會產生巨大的變化，到了生產後的一兩週內，賀爾蒙又會大幅的下降，這樣的驟變也會帶動腦內神經傳導物質的變化，特別是會影響焦慮與憂鬱情緒的血清素。有研究顯示，大約七到八成的女性會在孕期與產後出現暫時性的焦慮與憂鬱的情緒，甚至有高達一至二成的孕產婦，會產生比較重大的身心變化、引發產後憂鬱症；一般來說，大部分輕微、暫時的產後憂鬱症狀會自然消失，但是若不特別留意的話，還是很有可能會衍發成憂鬱症。

　　在我上孕產婦教練認證課程時，講師特別特別叮嚀上課的我們，千萬不要忽視產後憂鬱的可怕！她曾經有一位學員，在懷孕的末期就時常有不快樂、不穩定的情緒，講師在幫這位不快樂的學員做訓練運動時，時不時會找機會開導她，但沒有想到，這位學員在產後不到一個月內，就自我結束生命。講師和我們聊這個故事的時候眼眶都紅了，她說她覺得自己曾有一

個機會能夠幫助她、能夠挽回這條生命，但她認為她並沒有盡全力的協助她，是她這輩子的遺憾，所以她不斷強調與叮嚀可能會成為孕產婦運動教練的我們，絕對不要輕視產後憂鬱帶來的威脅。如果我們成為孕產婦教練後，有碰到任何有情緒障礙的孕婦或產婦，一定要讓她們知道產後憂鬱絕對是正常的，一切都會過去的。

當時的我正懷孕5個多月，情緒很穩定、心情很愉悅，身心狀態大概是整個孕期最佳的時期，當講師提到產後憂鬱這件事的時候，我還真的是聽聽就過了，心裡只有記得若有碰到產後憂鬱的朋友要好好開導她，但我從沒想過這會發生在自己身上。

生完兒子全身的劇痛、完全沒有預想到會被切一刀的肚子、剖腹後乳汁量不足，為了刺激乳汁分泌，而忍痛讓不會含乳的兒子每小時持續咬破我的乳頭、脹痛不已的乳房、生產及產後過度用力撐住身子的脫臼手腕、睡眠不足的每一天、麻醉後浮腫的下半身、半夜餓著哭醒的兒子、對幫新生兒換尿布、洗澡不熟練的生活………這所有的一切來得太猛太快，我都還沒意識過來到底發生了什麼事，只覺得好不快樂、好想哭、好想什麼都不管，只想逃跑。這是產後一週的我內心最真切的聲音，而跟著這些聲音而來的自我懷疑每天都在急速激增，我被這些負面的想法壓垮了、崩潰了。

在絕望憂鬱的時候，旁人的隨便一句話都會讓我陷入悲觀、否定自己的情緒，我記得當時來幫我坐月子的媽媽，只是隨口問我一句：「妳的奶夠嗎？不夠我來餵配方奶喔！」就在媽媽轉身去泡奶的同時，我就窩在被子裡大哭了：「我也想要

有奶啊！我那麼努力的擠就是沒有！我的身體好痛，可是我都不能休息，兒子吃不飽只能喝配方奶，我還只想著睡覺與休息……我真的是個很差勁的媽媽。」產後一兩週的時間，我都處於焦慮又情緒低落的狀態，我甚至真的問過老公：「如果我死了，你會好好照顧兒子嗎？」這說出了這句話後的我，才驚覺自己是不是正在經歷產後憂鬱！

原來產後憂鬱是真的，活生生的發生在我身上了，當發現這件事之後，我開始不斷的告訴自己：「這是正常的，這是正常的，會過去的，放輕鬆。難過沒關係、低落沒關係，過一段時間就會好的。」雖然我常常是哭著這樣對自己說這些話，但神奇的是，真的隨著日子一天天過去，大概到產後 4 週開始，我的世界一切都沒那麼悲慘了。看到兒子不再那麼有壓力、育兒生活也漸漸不再那麼容易感到焦慮及恐慌，更重要的是，我的身體沒有前面幾週那麼痛了。

回想那段期間，很感謝老公的陪伴，我哭、我生氣、我抱怨、我沉默，他都在我身邊陪著我，還會一直上網查產後憂鬱的相關文章與資料，想辦法協助我。其實，身邊能有一個這樣替自己想的隊友，真的就好一大半了，女人從懷孕的那一刻起，就要開始面對身體、心理、生活上的巨變，把小孩生出來後更是新的大挑戰，孩子是夫妻兩人的，但辛苦都是女人在受一點都不公平，我從懷孕時就每天對著老公碎念這些話，也算是把老公洗腦成功了吧哈哈哈哈！雖然在產後憂鬱期間，情緒的部分我真的無法控制，但我知道在我心底，老公的支持與陪伴都在默默給我力量，只是暫時被烏煙瘴氣的負面情緒給掩蓋，隨著身體慢慢恢復、精神逐漸開朗，烏雲緩緩的消散了，

坐完月子後，我也差不多度過身心最難熬的那幾週了。和老公一同度過產後憂鬱的這一段，覺得我們的隊友關係又更加緊密了。

時時告訴自己，痛苦快要過去了！

如果正在看書的妳還在懷孕中，或是妳即將臨盆，又或者妳已經生產了、正感到不太適應目前生活的改變，我想和妳

們說，在懷孕末期或產後，如果有任何不開心、焦慮、壓力、負面的想法，千萬不要覺得自己很糟糕、不是一個好妻子、好媳婦、好母親，這個時候請記得要不斷的告訴自己，「這是正常的，會過去的，過了幾週，身體與心情會變好的，現在我的任務是放輕鬆、吃飽、睡好，找回快樂的自己才是首要任務，有快樂的媽媽，才有幸福的家庭。」

　　如果妳正值低潮，也請不要感到無助，可以把這幾頁文章給老公、給媽媽、給婆婆等家人看，產後憂鬱完全是正常的生理現象，這都是經由醫學及科學研究證實的病症，有部分孕產婦可能會在懷孕末期或產後，出現明顯的情緒變化，例如焦慮、激動、突然哭泣、情緒低落等等，更尤其會發生在新手媽媽或產程不順利的產婦身上（啊就是在說我自己呀！），孕吐、疲倦、痠痛等生理不適，親家、娘家、丈夫、工作、育兒等帶來的精神壓力，產後妊娠疾病、寶寶的健全與否等等，都可能是促使憂鬱情緒產生的原因，此時最需要的是家人的體諒與支持，一同渡過這段低潮期。自己也要時時刻刻提醒自己，千萬不要過度擔心與害怕，大多數的孕產婦憂鬱情緒，會在產後 2 週內自動逐漸緩解；如果在產前及產後輕忽了憂鬱情緒的威脅，持續給孕產婦增加壓力，產前、產後焦慮、恐慌症狀發生的機率將會大增，產前憂鬱在孕期中甚至會影響胎兒的發育，在產後也會影響親子、家庭關係，所以如果有發現自己有越來越嚴重的憂鬱情緒，應盡快找醫師協助。

如果有下列症狀發生，很有可能就是出現了產後憂鬱的徵兆：

- 常出現消極、悲觀的想法，覺得自己的存在沒有意義。
- 常常莫名的想哭、焦慮、沮喪，甚至有時會容易情緒激動、易怒、焦躁。
- 身體莫名感到不適，頭痛、頭暈、胸悶，食慾大幅增加或大幅減少，失眠。
- 做事情都沒有動力，時常拖拖拉拉、懶散不想動、遲鈍，對於以前可以輕易完成的工作，現在卻無法完成。
- 對於原本很喜歡的事物提不起勁、不感興趣。

如果出現了以上徵兆也不必過度擔心，大多數的產後憂鬱會在產後兩週因為賀爾蒙分泌平緩而逐漸減緩，但若以上症狀持續超過兩週以上，就應該要對自己是否罹患產後憂鬱有所警覺，並應透過適度宣洩情緒、調整作息、運動、逛街等等，讓身體動起來、讓腦袋休息的方式來調適。

我覺得產後憂鬱並不算是一種病，但真的放任不管就會變成嚴重的病症。我有一位朋友，她的母親在產後經歷了一段產後憂鬱，一直以來都放任不管，面對生活的壓力也是硬著頭皮撐過去，也沒有適時的尋求協助、找到情緒的出口，雖然已經過了生產很長一段時間，產後憂鬱情緒演變成了憂鬱症起起伏伏的跟隨著她，最終她在我朋友大學時結束了自己的生命，造成了永不可挽回的遺憾。為了家庭、為了孩子、為了自己，真的不要輕易忽視產後的憂鬱情緒！

因為自己走過了產後憂鬱這一遭，所以在產下第二胎之前，我幫自己做了更充分的準備，並且透徹的了解產後憂鬱會形成的原因，除了體內賀爾蒙驟變以及身體不適、虛弱的影響之外，生產後的睡眠不足、生活習慣改變、人生角色變換、夫妻關係變化等等，都是產後憂鬱形成的重要因素，所以在生產前，我就時常跟老公針對以上原因來討論對策，這次我一定要做足準備好好的面對產後的身體以及二寶生活的挑戰：

「我們要不要裝一個繩索在床邊啊，這樣我生完肚子傷口痛還有辦法自己從床上起身。」

「這次輪流餵奶的 schedule 要不要先來排一下啊？ 到時候才不會手忙腳亂的兩人都睡不飽也沒把寶寶餵飽……。」

「兒子的作息要不要先調一調？ 等他下課後、吃完晚餐、洗過澡、念念故事書就可以上床睡覺了，接下來就只用專

心照顧妹妹就好。」

在生產前，我們每天都花了不少時間在討論這類話題……在討論的那些當下，我真的很想很想回台灣生產！有舒適的坐月子中心，也有很多家人可以幫忙，但因為老公的工作還有兒子上學等種種因素考量，最後只好留在美國生產了。

如果說你的老公覺得坐月子中心的錢太貴了花不得，拜託一定要讓他看看我上面這些經歷的心聲！媽媽能夠在產後好好休息、寶寶得到最完善的照護、家庭幸福美滿……這些錢花得非常值得！不用像我跟老公還有辛苦飛來美國幫我坐月子的媽媽，我們三個都是身心疲憊的渡過這段時期，我已經下定決心了，再生第三胎的話，我一定要回台灣生產啊！

二寶的產後調適

話說回來，經過上一胎的經驗與這一次完善的心理準備及產前對策的規劃，第二胎真的得心應手多了！這一次我完全沒有焦慮、失落、沮喪的情緒，頂多就是生完之後沒睡飽，覺得有點累所以偶爾臭臉而已，老公也是被上一胎產後憂鬱的我嚇過，所以這一次我一臭臉他就會想辦法逗我開心、幫我分擔憂愁。整體來說，第二胎的產後狀態跟的一胎比起來真的很不錯，雖說不錯，但是有了二寶之後的生活還是需要一些時間來適應，產後的身體也是需要耐心來恢復，因此我覺得，在產後的這段期間，與其急躁的想著運動、健身、減肥，不如先把重點擺在健「心」呢！

首先要有強大的心智，才能夠堅強的面對一切的挑戰，才不會被生活給打敗，試想，如果整天都處於焦慮、緊張、擔心與不安的生活壓力中，就算飲食與運動都規劃的很好，也是很難有效的減脂啊！因此這個時候的首要任務確實是把生活過好、身心調適好才是最重要的。

　　我自己的做法是，即使在忙碌又匆忙的日子裡很難安排出時間運動，還是可以先靠飲食控制來幫身體做好產後恢復之路的準備。「就算沒時間運動，也要努力吃的健康。」這是我在產後沒時間運動時，會一直提醒自己的一句話，所以我幾乎不會因為壓力而任意的暴飲暴食，等適應了新生活、能夠抓出時間來運動，那麼我的減脂進度就會加速前進！

　　俗話說，三分練、七分吃，完全是有他的道理的。當然偶爾還是會因為產後體態恢復的不如想像中的快而感到洩氣，這個時候一定一定要告訴自己一切都會過去的，越低落越要記得身體健康，身材什麼的就不管了，請記住，只要身體是健康的，給它時間，它一定會回到你想要的樣子！

　　進入二寶生活後，我一邊適應生活、一邊斷斷續續地抓時間出來運動，雖然尚未恢復如產前的緊實體態，但也接近7成有了呢！而且……喂～妳生了兩個孩子耶！當然會有差啊！現在的我很享受和寶寶的生活，也抽空讓自己做運動、更努力吃的健康均衡，我的目標不是當一個身材多棒的辣媽，而是要當一個身體強壯、健健康康的超人媽媽陪我的孩子們到老！

產後運動
與身材恢復

在計畫產後運動前，我花了點心思研究自己的身體在產後發生了什麼變化？這才知道難怪我生完第一胎後肚子會這麼痛⋯⋯

經歷自然產程近 20 個小時，產道、骨盆都打開，全身力竭的肌肉撕裂痠痛，被推進手術室後，下腹部被層層切開，皮膚、脂肪層、腹直肌的筋膜、腹膜、子宮被切開再層層縫合，果然傷口痛不僅僅只是外面這細細一條線在痛，裡面這麼多層都是傷口不痛才怪呢！加上我前面的自然產程並不順利，雖然會陰沒有被剪開，但卻因為用力太久、寶寶卡在產道來來回回，導致我的會陰腫成了紫色，吃全餐後的身體簡單來說，就是一個字「痛」！裡面痛到外面，從頭痛到腳，躺著痛、坐著痛、走路痛、上廁所也痛⋯⋯面對這樣的身體，到底該從什麼運動做起呢？

首先我們應該要先了解懷孕對我們核心肌群所造成的影響。

當提到核心的時候，我們可能第一個想到的會是腹肌，

但事實上，核心肌群包含了我們的軀幹，整個腹部、背部，甚至到臀部的肌群都屬於核心的一部分；身為產後媽媽的我們，一定可以感受到這些肌肉在產後有多麼的軟弱無力，懷孕挺著大肚子、行動不便，走路姿勢、站姿、坐姿都難以標準，這些日子下來，使得我們的腹肌無力、駝背、臀腿肌群不穩定，並且骨盆也變寬、外擴，以前的我們可能可以輕鬆做 10 下的捲腹運動，現在連做 5 下都十分吃力了。因此，在我們回歸孕前的體能與訓練能力之前，我們必須要先重建我們的核心力量，才有辦法再往下進行更進階的運動。

產後修復要點

　　在打算開始運動之前，一定要先詢問醫生目前的身體是否可以運動了？可以做的運動強度可以多高了？ 我的醫生告訴我在我生完寶寶 6 週以前，都不能提超過 12 磅的重量，6 週以後可以慢慢的開始做重量訓練，但是務必從輕的重量開始練習，一切都要經過醫生同意，檢查確認惡露已排乾淨，身體機能都恢復正常，不會貧血或是有其他的不適之後，再循序漸進的開始，因此下面的運動建議，是一般情況下產後適合做的運動「建議」，實際上是否適合自己的身體，一定要先問過醫師喔！

　　在產後的前三週，運動的目的絕對不會是瘦身、練肌肉，而是循序漸進的找回身體的活力，身體經歷了懷胎 10 個月與

辛苦的產程，我們的核心肌群力量會逐漸削弱，並且骨盆底肌也會容易無力（所以很多產婦在產後會有漏尿的情況發生），因此在這個階段，運動的重點會是一些躺著的運動，以及少量的散步。

坐月子期間可以做的運動：

● 走三分鐘的路／休息兩分鐘

每天維持或增加一個循環；可不要小看走路這件事，我在第一胎產後還真的行走非常有困難呢！如果連走路都會吃力的話，更不可能去想運動了，所以通常產後的一個月內，可以將重點擺在找回身體活動的熟悉感，切勿急著想要健身喔！

● 凱格爾運動

先找到骨盆底肌的位置與感覺，平時憋尿或是解尿到一半使尿流中斷，或是收起肛門的那一片肌肉就是骨盆底肌。想像你的骨盆底肌是一座電梯，嘗試用不同力度地讓骨盆底肌分三次提高，想像骨盆底肌在一樓（骨盆底肌放鬆）、二樓（骨盆底肌收縮一半）、三樓（骨盆底肌完全收緊）這樣往上拉提，堅持在三樓 3-5 秒鐘，最後再慢慢的下降到一樓（慢慢地放鬆），每天可以隨時想到就鍛鍊。

我在懷孕時就會每天鍛鍊骨盆底肌，強而有力骨盆底肌也能幫助自然產的產程更加順暢（除非你的寶寶的頭跟我兒子的一樣大），我努力鍛鍊了 9 個月個骨盆底肌，我甚至在破水的時候都還能憋得住羊水呢！多多鍛鍊骨盆底肌，也能讓老公感到更性福（小心不要跟我一樣太快就懷了下一胎啊哈哈）

腹式深呼吸

　　這個運動可以幫我們鍛鍊腹橫肌的力量，躺在床上深深吸一口氣，集中注意力在自己的腹部，慢慢的吐氣，吐氣的時候想像自己的肚臍下凹，往脊椎的方向推去，直到氣吐完為止，腹橫肌出力的時候大概會是咳嗽、笑到肚子酸的那種感受。產後三周可以每天從腹式深呼吸 10 次做起，每天增加個 1-2 次，循序漸進的喚醒腹部的肌肉。

　　腹橫肌的鍛鍊，也是我從孕前、孕中到產後都持續訓練的肌肉，在懷孕前，有力量的腹橫肌讓我的身材看起來腰很細、馬甲線很有線條、到了懷孕時，有力的腹橫肌能幫我把肚子裡的寶寶 Hold 的很穩，也讓我的肚子不會在孕期大的太快而長了妊娠紋，腹橫肌訓練也是在產後可以馬上做的溫和核心運動，有力的腹橫肌也能改善腹直肌分離的情況。

骨盆運動

　　躺著雙腿伸直，想像骨盆是一個水盆，將腰往上挺起，形成骨盆前傾、水盆向前倒水的動作，然後再將腰往下壓至地面，使骨盆形成後傾姿勢，如同水盆向後倒水的動作。產後多做骨盆運動，可以活化骨盆周圍的肌群、回復骨盆的深層控制能力與張力，協助骨盆恢復得更好。

產後第二階段運動

　　產後第四週開始的三個星期，可以進行第二階段的運動，

這個階段我們可以將重點擺在腹橫肌與輕量核心的訓練，以及每天走路能走 35 分鐘為目標。

做完月子後可以做的運動：

- 走 10 分鐘的路 / 休息 5 分鐘，每天做 2-3 個循環。
- 持續鍛鍊凱格爾運動。
- 腹式深呼吸。
- 骨盆運動。
- 屈膝抬腿運動：

躺著雙腿彎曲腳掌貼地，慢慢地將屈膝的左腿抬起再慢慢放下，換右腿抬起再放下，一天可以做 10 下。這個動作可以緩和的鍛鍊我們的腹直肌力量，又不像捲腹這麼激烈，是循序漸進鍛鍊核心很好的方式。

產後第七週開始，我們開始可以做一些針對重建核心肌力的運動，美國運動醫學會利用肌電圖（electromyography）測量，發現最適合啟動腹直肌與腹斜肌的運動有「船式」以及「側棒式」，第七週開始，我們可以每個動作試著從 15 秒開始練習：

● 船式

屈膝坐在地板上，腹肌與背肌收緊，慢慢的將腳抬起，直到小腿與地面平行，注意背部打直，將手臂往前伸直幫助身體保持平衡，維持這個姿勢 15 秒鐘，每天慢慢的鍛鍊增加一點點秒數，目標是可以 Hold 住 30 秒。

● 側棒式

側躺並且用躺著那一側的手軸撐起身體，穩住核心，慢慢的將臀部撐起離開地面，讓身體呈一直線，維持這個姿勢15秒鐘，做完換另外一側，每天可以慢慢增加訓練長度，目標是 Hold 住 30 秒。

這些運動小 case 了吧！我可以直接從捲腹、深蹲或是硬舉開始嗎？

捲腹、硬舉與深蹲都是鍛鍊核心與大肌群非常有效的運動，我們當然可以透過這些運動鍛鍊回我們的核心力量，但是經過了懷孕 10 個月，產後近 2 個月修復，我們的核心力量已經變得非常非常弱了，使用脆弱的核心做深蹲或是硬舉，會很難將這些姿勢確實做標準，而且在產後，我們的身體仍然會持續分泌鬆弛素，鬆弛素是為了讓我們的身體可以裝的下一個寶寶，幫助我們把關節、韌帶都變鬆打開所分泌的激素，也因為如此，關節與韌帶都會比較脆弱，所以孕期、產後做運動的時候，都必須特別小心關節韌帶的運動傷害，千萬不能從強度高、重量重的訓練開始，會比平時沒有懷孕時還要容易受傷。因此在產後，即使醫生已經說可以開始運動了，我們還是要從最低的強度開始練起才安全，切勿急躁的想直接從高一點的重量開始訓練，為了急著產後瘦身而受傷了絕對得不償失。

產後修復這條路千萬不能急，也不要小看韌帶關節受損的影響，像我自己的手腕因為抓著產床扶手用力生了 4 小時，剖腹產後傷口太痛，起身、下床的時候都用手腕的力量撐住全

身，導致我的手腕在月子期間出現個慣性脫臼的症狀，手腕部分變得非常的脆弱，到現在已經生完兩胎了都還是不舒服，連做伏地挺身時，在肌肉痠痛之前手腕就已經撐不住了……所以帶著受傷的身體運動，反而會讓所有的訓練都沒有效率、花更長的時間執行產後瘦身計畫，所以在做所有的運動及訓練之前，都應該以避免受傷為最高原則，才是真正好又有效的訓練。

3

帶小孩
還能運動嗎？

　　「生了孩子之後，日子忙成一團亂，怎麼可能還有時間運動？所以當媽媽以後身材就絕對永遠回不去了吧！」這是很多媽媽們的心聲，也是我剛生完寶寶後影響憂鬱情緒、擔心緊張的主要原因之一。

　　不過在討論如何在忙碌帶孩子的日子裡找到運動的時間之前，我覺得可以先檢視自己，是真的沒有一點時間能分給運動嗎？首先可以先問問自己，沒時間運動的這些日子，是否有時間看韓劇、逛街、滑手機？如果有，那表示並非沒時間運動，而只是不夠想運動。

　　另一種是「心裡覺得沒時間運動」。拿我自己來說好了，生了二寶後的第三個月，我的一整天大概長這樣：早上七點起床，餵女兒喝奶拍嗝、餵兒子吃早餐，刷牙洗臉，換我自己吃早餐，上午把妹妹託給保姆照顧，帶兒子去公園或圖書館耗體力；中午回家餵奶、擠奶，餵兒子吃午餐，陪睡午覺，他睡午覺的短短兩小時，我會抓他的深眠期半小時到四十分鐘做居家運動，剩下的時間躺在他旁邊陪睡、用手機寫文章寫書，或累

了自己瞇一下，重點是兒子淺眠期會抬頭檢查我有沒有陪他睡，所以通常他一睡著我就會衝去運動，才不會錯過珍貴的深眠期；下午陪兒子看故事書、玩球，等爸爸下班回家我再來煮晚餐。爸爸回家我就下班了，開始可以專心用電腦，回覆飲食指南、回答粉絲問題、寫寫文拍拍照，然後就差不多晚上八九點了；我有時也會抓晚上九點時開始運動，居家運動、重訓、有氧都有可能。

　　雖然常常覺得，天哪！我今天要做家事、餵奶、陪玩、寫文章、趕稿、帶小孩出門耗電，一整天忙成這樣，我不可能有時間運動！但當我真心想要運動的時候，這不就擠出時間了！生活很忙、心很累，越要安排一個屬於自己的運動時間，把這個時間留給自己的身體，我發現，運動完之後，心就不會那麼累了，反而會得到很大的滿足。

　　還有一種沒時間運動，是真的忙到沒時間吃飯、睡覺，更不用說運動了；產後的第一、二個月，我的生活慌忙到這樣的狀態，我的決定就是：「那就別運動了吧！」這可不是在自暴自棄，因為並非一定要多努力運動才能瘦，而事實上，想要有效的減脂、維持良好的代謝，除了運動，還有飲食、睡眠休息、壓力調適等等，都比運動來的重要很多！這些都是影響我們賀爾蒙分泌很重要的因素，而正常賀爾蒙的分泌是減脂的鑰匙，沒有這把鑰匙，做再多運動都打開不了減脂大門。所以，如果正過著水深火熱忙碌的生活而發胖，那沒時間運動不一定是發胖的主要原因，這時候是該先好好想辦法調整一下生活，睡好覺、吃健康的食物、紓解壓力（運動是很棒的舒壓法），這些都做到了，再來好好運動才是最有效的。

「健身是一種生活態度，不是減肥的過程」，如果把運動當作為了減肥而勉強得做的事，那當然是痛苦、磨人的，看韓劇與逛街理所當然會被排在運動前面啊！但若真心把運動當作健康生活重要的其中一環，並且兼顧睡眠、飲食與壓力調適，那運動時間就像吃飯、睡眠還有工作時間一樣重要，無論如何都能擠出這些時間的。

　　我有一個讓自己很容易擠出時間運動的小方法，就是我會規定自己，只有運動的時候可以看韓劇、美劇，規定只有做有氧在跑步機上慢跑、在室內腳踏車上騎車時才可以看。一方面可以殺掉這段我討厭的痛苦有氧時間，一方面也讓我會為了想繼續追劇而硬是擠出運動時間。更重要的是要挑一步讓自己想一集一集不停看下去的劇！曾經我太想要追下一集，而上午跑 50 分鐘，晚上兒子睡覺後我又上跑步機跑了 50 分鐘，當天的運動量直接消耗了至少 600 大卡哈哈哈哈！這真是非常適合擠出時間運動的好方法。

　　不論是減脂還是增肌，賀爾蒙皆扮演著非常重要的角色，絕對不只是少吃多動這麼簡單而已，既然真的抽不出時間運動，那麼更應該將心思花在飲食及調適生活上。所以我在產後做完月子，雖然無法像以前那樣照著規劃按表操課、一步一步跟著為自己設定的進度減脂，只能偶爾抓空擋時間來運動，但我將重點擺在飲食控制與調整心情，利用飲食與壓力調適來讓賀爾蒙的水平儘速回到正常穩定的水平；不論是懷孕還是產後期間，我的飲食主要遵循著以下原則：

1. 吃原型、非加工的食物：例如吃火鍋時，避開貢

丸、水晶餃、蛋餃等食材，多吃蔬菜、肉片、豆腐、雞蛋等看的出原型的食物。

2. **少碰高油的食物**：例如培根、甜甜圈、鹹酥雞等炸物，適量攝取優質脂肪，例如堅果類、酪梨等等。切勿不吃脂肪，會讓身體無法吸收維生素，並且影響到母乳的含油量，反而自己不健康之外，寶寶也吃不飽；優質脂肪可以讓我們提高代謝，幫助減脂。

3. **餓就吃、飽就停**：我覺得在減肥期間最忌諱的就是餓肚子了，餓肚子會影響情緒、內分泌，最終因為賀爾蒙受影響而更難瘦下來；減肥需要的不是餓肚子，而是吃對的食物。為了避免餓了肚子之後暴飲暴食，我的作法是「整天都在吃」：早上起床吃燕麥加豆漿與水煮蛋做早餐，兩小時後感到有點餓了，就吃十顆堅果配幾顆草莓，過兩三小時又餓了，再吃糙米飯與鮭魚青菜做為午餐，下午再吃一杯無糖優格配藍莓當點心，晚餐再吃地瓜、雞肉、大量蔬菜，晚上運動後點心可以再喝一杯高蛋白飲；我一整天都在吃，雖然餐點份量都不大，但透過一整天少量多餐的方式，維持血糖的平穩與持續的飽足感，賀爾蒙水平能維持很好的水平。

4. **大量喝水**：水喝的不夠也會影響賀爾蒙的分泌，人的身體有 70% 由水份組成，人可以一週不進食，但三天不喝水就會死亡，可見水對我們的身體有多重要；尤其我們在產後還要哺餵母乳，喝大量水可以保證母乳足量的分泌。

如果真的都照這樣的飲食原則執行，其實也不必過度緊張的計算卡路里，因為吃對食物比斤斤計較卡路里對身體還有意義；從孕期到產後，我都是以照顧自己的身體為出發點，而

非以減肥為首要目標，這樣反而更能輕鬆的達到調節賀爾蒙的效果，進而在有時間運動的時候，可以直接和飲食配合，加速減脂的進度，沒有時間運動的時候，也能維持住體態不復胖。

而運動的方式，我也是盡量選擇比較彈性、隨處都能執行的運動方式，這種時候幫自己安排健身房練臀腿、練背、練胸肌等重量訓練是非常容易放棄又不切實際的，畢竟連休息的時間都快不夠用了，還要天天上健身房實在是為難自己，所以我大多是選擇在家做跳繩、開合跳、登山跑、波比跳、TRX等等，能提高心率又能簡單的在家執行的運動，並不是一定要舉起重量、使用重訓機器才叫健身，健身應該是執行在日常生活中、持之以恆的。

總歸來說，比較沒有時間運動、生活忙碌時，我主要會依循下面幾個原則：

1. **以飲食為主，運動為輔**：七分練、三分吃不是沒有道理的，沒有辦法天天按表操課運動減脂，也是有可能可以靠著飲食控制慢慢上軌道。

2. **抓住每個可以增加活動量的機會**：沒有辦法「運動」，那就努力增加「活動」，可以走樓梯就不搭電梯，可以走路就不搭車，可以站著就不坐著，讓自己無時無刻都緩緩的活動著，無形中累積的消耗卡路里也是很可觀的喔！

3. **有時候覺得很累沒辦法運動，這時可以問問自己，今天做了什麼大活動量的事嗎？**前一晚有睡不好嗎？都沒有的話⋯那很可能只是心累而非身體累，所以才覺得沒力運動，這個時候反而更需要去運動一下讓大腦放鬆休息。

4. 不需要侷限自己跑步一定要跑幾公里、做波比跳一定要跳幾下：科學減脂看的是心跳率而不是運動的距離、次數，每個人的身體都不同，聽自己身體的聲音，觀察自己的心跳率，可以維持在有一點點快喘不過氣、又還能順暢呼吸的程度是適合減脂的心率區間，如果有時間運動的話，維持這樣的喘度，運動時間在 30 分鐘以上至 60 分鐘以內，能夠燃燒大約 250-400 之間不等的卡路里唷！

以上算是我產後瘦身的心得與小撇步，我覺得生育孩子這麼辛苦又困難的事都沒有把我們難倒，那麼好好照顧自己的身體又有什麼困難呢？純粹在於自己有沒有夠愛自己罷了！懷胎十個月，拚了命生了寶寶，生產後就開始手忙腳亂的成為一個媽媽，這些經歷使我們越來越強大，將這些變強大的力量分一點給自己，會發現其實產後回歸之路並沒有那麼難走喔！

愛小孩
也要愛自己！

要做就做到最好！

　　我是一個蠻典型的牡羊座 A 型，這是一種星座和血型互相矛盾的個性類型。血型 A 型的人做事通常比較謹慎保守、慎重踏實，而牡羊座的人卻恰恰相反，行動比較果決、勇往直前，凡事冒險不退縮，因此牡羊座 A 型的人，常常會處於衝突與矛盾中。只要任何事吸引到我，我就會用盡我全部的熱情及努力投入其中，所以我的個性可以說是既急躁又要求完美，既衝動又保守、既踏實又愛冒險，時常把自己搞的很累，有時候情緒也會比較焦躁、想太多，但放鬆時又會變成傻大姐一隻。

　　簡單來說，我的座右銘基本上就是「要做就做到最好，不然就不要做」。因此在事情未完成、有瑕疵的狀態時，我會渾身不舒服、很難放輕鬆，或甚至乾脆想擺爛不管了，沒想到這樣的個性，讓我在結婚懷孕生子後，不得不與生活磨合調適

我的個性──我想當一個好媽媽、好媳婦、好老婆、好女兒，好部落客，曾經對各方面要求都太高而長期失眠，那陣子到了晚上睡前時間身體很累需要休息、腦子卻很熱，很想睡覺、腦袋卻停不下來，瞪大著雙眼躺在床上翻來覆去，一直到半夜四點還睡不著，累到感覺很想尖叫抓狂的那種地步，好不容易入睡了，過沒兩個小時寶寶卻要起床喝奶、忙碌的一整天隨著升起的太陽迎接疲憊的我，最後實在走投無路只好去身心科看醫生，了解自律神經還有學習放鬆、呼吸，吃了醫生開給我讓大腦放鬆的藥物才改善當下的睡眠問題。這段經歷讓我不得不開始正式我的生活與個性，我認真的思考了一番，悟出「天下沒有任何完美的角色」這個道理。

承認自己並不完美

我曾收到一些粉絲私訊問我：「為什麼 Mi 生完寶寶以後還能恢復這麼好」、「為什麼每個角色妳都能扮演的很好？」、「我生完以後到現在，這裡痛那裡痛，餵母奶好累、一直掉頭髮、瘦不下來，覺得不會再回到以前的自己了……」，其實我才不是大家看起來的這個樣子呢！我很愛哭，我很愛生氣，我急性子而且是牡羊座 A 型，典型的想要快速的把事情做到盡善盡美型的，如同我的座右銘「要做就做到最好，不然就不要做」，所以有時候我好像散散懶懶的，但是我一決定要做，就會沒日沒夜的要拼到完美我才會罷休，這種個性把我自己累死，我想要當一個很棒的媽媽，我想要當一個很賢慧的老婆，

我想要當一個很孝順的女兒與媳婦，我想要當一個很有成就的女強人，這些並不是我人生的目標，而是我覺得如果不能做到最好，那就不要做啊！這個想法深植在我心中，直到生下了寶寶們，開始了媽媽的生活，我才意識到所謂的「最好」根本不存在。

想全面兼顧卻累壞了自己

為了當一個很棒的媽媽，我把重心放在寶寶身上，24 小時伺候餵奶換尿布洗澡陪玩哄睡，然後家務事卻忙不過來；晚餐時間老公下班了我還沒煮飯，老公衣服都皺皺的因為我洗好了根本沒時間燙，為了把這些家事都做好、我調整了一下，趁寶寶睡著了我趕緊去做家事，但這並沒有讓我成為更好的老婆，因為我累壞了，煮好了飯看到老公下班回來，隨口問我一句：「妳今天有收到寄給我的信嗎？」我就大怒了，怒回：「在桌上你自己不會去看看嗎？」 我並沒有因為成為了一個好媽媽，還有家事都做好做滿的賢妻，而成為一個很好的老婆；我更為了好好照顧我的家庭而把工作辭了，想著只要有多的時間，我還能飛回台灣多陪陪爸媽，做個孝順的女兒與媳婦，另外我也能好好的運動恢復身材……但是一切怎麼都與我想像的都不一樣，我的生活變得沒有自己：我整天想著哪時候餵奶、煮飯、洗衣，我連老公都不想理，我也沒心思與力氣打電話回台灣跟爸媽聊聊天，然後我明明就是個健身部落客，結果我怎麼沒什麼心思去運動了？

有一天我發現，我不是我了

其實出書的計畫，早在懷孕生子前就規劃好了，但那時候因為懷孕而把出書的計畫整個往後延，延到生完寶寶，我為了扮演好每個角色，而依然一天拖過一天的沒有任何進展，曾經好幾度我都認真的以為，這本書、這項計畫的夢想是不是永遠不會實現了？不說這個計畫了，我連個好媽媽、好老婆、好女兒都做不好了，我還能做什麼呀？

這時候，我開始靜下心來，思考我想要成為什麼樣的人，未來的三年、五年、十年後的我，我會是什麼樣子？我的答案只有一個「我要成為一個快樂的人。」只有快樂的我才是我自己，所以我重新的規劃與整頓當下的我，我該怎麼做呢？

首先，我需要幫手，我不可能顧好寶寶、家務事做好做滿，還能心平氣和的當個溫柔好老婆，所以下一步，我開始規劃家庭開支，看看我能夠負擔一個月多少錢的保姆或是家務清潔工，再來就是和老公溝通，我們該怎麼分配時間，才能幫助我重新完成我的夢想，並且同時當個好媽媽、好老婆與快樂的自己；重新整頓了一下生活，我堅持擁有自己的時間，讓我可以完成我的夢想，並且還是堅持持續運動，送寶寶去健身房的托嬰室我不再心疼與愧疚了，因為我相信有快樂的媽媽才有開心的寶寶，有了家管與保姆的幫忙，我和老公變的更親密，然後整個家都快樂了起來！

沒有人是完美的，也沒有人是可以永遠正面積極樂觀的，周遭環境會有不同的變化，生活中會有不同的挑戰，當感覺到

壓力、感到緊張，這就表示正在面對挑戰，而我不需要去拼命戰勝它，而是需要靜下來思考一下對策，放鬆心情，先尋找自己，把自己充好電比任何其他事情都重要！

做回快樂的自己！

　　我現在不求扮演好每一個角色，我想要的只是快樂的自己，就這麼簡單而已。當我快樂了、電力十足了，不知不覺我也成了一個我所期許的好媽媽、好老婆、好女兒了；原來這一

切，只要想辦法找到自己就能迎刃而解，原來解決現況並不難，難的是記得找回自己。

除了看醫生尋求協助之外，運動也是讓我大腦放鬆、舒解壓力的方式。在我的第一本運動飲食計畫書初發售那段時間，遇到一些問題與挫折把自己逼到極限，當時尚未聘請助理、未與出版社合作出版的時候，一人完成寫書、出書、售書、對帳、客服、出貨等等所有大小事，每天沒日沒夜忙到要崩潰，而就在最忙的時候，我最愛的外婆過世了，外加出貨時貨品被貨運公司殘暴的對待，讓好多人收到我的心血結晶時是瑕疵的狀態，當時並沒有告訴大家其實自己是邊辦喪事、邊自己做客服回信和收到瑕疵品的客人道歉，因為不想討拍求同情、也不想要讓花了錢買書的人還要體諒我的私事；那一兩週真的算是我的超級低潮期，壓力大到沒有時間睡覺，醒著時，除了幫外婆誦經以外的時間，都在處理客服問題還有聯繫貨運做溝通，每天一起床就在到處道歉與對不起，甚至還被一些很不滿的消費者不客氣地謾罵、吵著要退貨，看著自己心血就這樣被否定，身心都真的快挺不住了，常常忍不住衝去廁所大哭一場再回到電腦前繼續努力。

那一個月，突然受到這麼大壓力的襲擊，真的會很想大吃大喝來紓解。在外婆過世的那週，每天誦完經還有處理這些殘局的空擋，我就是一直想吃東西，也不知道為什麼，總覺得嘴巴一停下來，就會發現外婆真的離開我們了；總覺得嘴巴一停下來，就會發現自己出的書是個很差的產品；總覺得嘴巴一停下來，就會覺得自己失敗到底了……

然而我吃越多，心底越有罪惡感。情緒低落的時候，想

吃的食物當然是鹹酥雞、地瓜球、蔥油餅這些高油高醣的垃圾食物啊，照著鏡子，我的身體看起來越來越水腫，腹肌越來越模糊，精神也越來越差，唉，我整個人真的變得好糟糕啊！

　　或許是外婆在天上默默的疼愛我吧，就在我覺得自己忙不過來壓力大到要生病了的時候，我找到了一個非常能幹的小助理來幫忙我處理事務，瞬間壓力就減少了一大半！我開始思考，我出健康飲食運動計畫書的出發點，就是想幫助大家開始愛上健康的自己，這是我寫的書，我怎麼能倒呢？如果我倒下了，那麼所有買書的粉絲們該怎麼辦？

選擇正確的紓壓方式

　　事實上我僅僅倒下了一週，但是這一週已經足夠了，我突然想起了很久以前在 Discovery 頻道看到的一個單元，運動與暴食都會產生同一種讓心情愉悅的腦內啡，這真是老天爺諷刺的設計！我那陣子太需要腦內啡了，但我沒發現我正在透過暴食分泌腦內啡，其實我可以有一個更棒的選擇，那就是運動。

　　當時在發現這件事之後，我跑到健身房去重訓一小時，我也不去管什麼健身菜單與課表了，我聽著最愛的音樂把音量開到最大，邊練深蹲又是硬舉，然後再跑去拉背肌，又躺下來虐好幾輪腹肌，又再去跑步機上爬坡怒跑 20 分鐘，滿頭大汗的心情瞬間舒暢好多！走回更衣室的時候，我真的忍不住大哭了，我好想好想外婆，我再也聽不到了她溫柔的聲音了……但

我這次是沒有壓力、毫不壓抑的哭！哭完了以後，我覺得我好像復活了一樣，可以好好振作回家去繼續工作了！

　　壓力是一種文明世界的病，這個病看起來沒什麼，但是會讓我們憂鬱、內分泌失調、飲食失控、進而影響到全身的各個機能，而解決壓力有一個非常棒的解藥——運動。運動能幫助舒解壓力帶給我們的不適，讓頭腦更清晰的去面對與解決問題，讓我們更健康、更正面！

Let Exercise be your stress reliever, not food.
讓運動為你舒壓，而非食物。

　　不過度追求完美、適時尋求專業協助、利用運動讓大腦放鬆、找回自我，算是這兩三年來成為媽媽、部落客、媳婦、女兒等多重角色調適身心的心得。然而在初成為新手媽媽時的我，也曾有過一段覺得愛自己就不是百分之百好媽媽的一段掙扎。

該不該多愛自己？

　　在剛生第一胎、成為新手媽媽之後的一段日子，我在思

維與生活上最大的轉變，就是開始對於愛自己與愛家人之間出現了徬徨感；當我想要找個臨時保姆幫忙顧孩子一兩個小時，讓我去放鬆去上健身房、做做指甲、按個摩之類的時候，我就會出現很深的罪惡感及愧疚感，彷彿「愛自己」在我的世界不再理所當然，我很猶豫、不知道自己要什麼，只知道當時的生活並不是我要的；那時候把重心都放在孩子身上，就算只是去健身房運動一小時，都有對不起孩子的感覺。

生了二寶之後，除了給老公、兒子、自己的愛，還要再多分一份出來給女兒，這又是另一個挑戰，不難理解為何很多女人在結婚生子之後，會因為家庭慢慢變大而使自己漸漸的變得渺小，我現在即使已經有了兩個孩子，依然在持續學習平衡家庭與自我實現這兩個部分。

我漸漸覺得，比起該與不該的二分法，更重要的是找到對整個家都好的方式才是最好的方式。我現在經常提醒自己，擁有自己的時間、好好愛自己並不是對寶寶不好，而是對寶寶、對老公、對整個家都好，如同我前面所說的，有快樂的媽媽才有開心的寶寶，整個家才會幸福快樂起來。

學習從乏味生活中找到喜歡的事

關於愛自己的方式，對我來說，除了運動之外，我覺得找到對生活的熱情也很重要。我覺得成為媽媽之後，更應該要在乏味的生活中找到自己喜歡的事，就算再微小的事都好，例如兒子生日的時候，我挑戰自己做了翻糖蛋糕給兒子吃；例

如平時在做菜時，研發既能幫自己減脂，又能讓老公與小孩喜愛的美味健身餐；又例如我會詳細規劃每天一日的行程，就算只是洗衣、做飯、帶小孩、寫文章，但能夠達到當日設定的目標，完成預計要做完的事都能讓我感到成就感。

此外，我覺得每天花點心思讓自己看起來賞心悅目也是很重要的一件事。我的打扮並不是給別人看，而是給自己看，我不喜歡在做家事忙東忙西時，偶然經過鏡子看到自己是個黃臉婆的模樣，會讓我連一點想愛自己的動力都沒有。從兒子很小、都還聽不懂人話的時候，我就開始天天對兒子洗腦說：「媽媽每天早上最重要的事情就是化妝，媽媽一定要看起來美美的，心情才會美麗唷！」所以兩歲大的兒子現在已經很習慣每天出門前都要等媽媽在梳妝檯前摸很久了！

我認為身為女人最忌諱的，就是用犧牲奉獻的心態，長年委屈的為一個家付出所有的自我，等孩子大了、有了自己的人生，不需要媽媽的照顧與叮嚀，此時媽媽才開始發現找不到自己的價值所在。

我看過、聽過有許許多多類似這樣犧牲自己奉獻給家庭的母親，到最後成為了孩子與丈夫的情緒勒索者——「我這輩子都在照顧這個家，你們怎麼能讓媽媽傷心？」、「我為了這個家付出犧牲了這麼多，你們怎麼可以不聽媽媽的話？」，面對這樣全天釋放負能量的媽媽、老婆，這個家絕對不會幸福快樂。所以為了家庭的幸福、孩子身心健全的發展，我選擇在育兒生活中找到自我、保有自我、變成一個更棒的我。就算可用的時間不多，我也會硬是擠出時間變美，沒時間化妝就晚上睡前勤保養，到了早上拍拍氣墊粉餅或擦擦素顏霜也能有好氣

色；沒時間畫眉毛，就去做霧眉飄眉；沒時間擦睫毛膏，就去接睫毛節省時間；沒時間塗指甲油，就去做光療美甲，讓漂亮指甲可以美美的撐三個禮拜。更重要的是，每做一件讓自己變美的事，我都能在這個過程中更愛自己一點，看著鏡子告訴自己，「我是最棒最正的辣媽」，然後開開心心的回家照顧我愛的人。

另一個讓自己更愛自己的動力，我覺得算是我的老公。雖然老公年紀小我五歲，但是他從來不會要求我要維持體態與美貌，基本上不論我多邋遢、多狼狽，他每天總是眼神發亮地看著我，誇我很美很正又很辣，也許是因為他長年這樣把我當女神（大笑），所以讓我更想要當他還有兒子心目中永遠的女神。我除了擠時間運動、擠時間變美，也會擠時間和老公約會，夫妻關係還是要偶爾花時間經營彼此的感情，因為等到孩子大了、離家了，最終又會回到原點，只剩下我們夫妻兩互相陪伴到老。我覺得和老公約會，是可以讓我輕易找回懷孕生子前的自己的方法，雖然約會的對象是同一人，但是約會時的感覺卻很不一樣，彷彿約會這件事是一個時光隧道，即使我們已經在一起六年、結婚兩年，但每次我都還是會很期待和老公約會，期待的不是老公，而是約會時的自己。

當女人真的很不容易，為了變美做了一輩子的努力，當了媽媽後更是難上加難，除了要顧好自己的一切，還要兼顧媽媽和老婆的角色，所以我覺得女人永遠不要忘了愛自己，因為只有愛自己才能打從內心散發真正的美麗，唯有愛自己，才能夠有滿滿的正能量去愛我的家人！

大寶生產實錄

小王子的預產期是 2016 年 6 月 22 日，但我這個急性子的人，早在五月底不到就一直覺得鵝子差不多要蹦出來了，聽說第一胎都會比較早，而且也有人說男寶寶會更早，所以在快接近 37 週足月的時候我就天天期待著破水啊落紅這些徵兆，那時候在台灣的媽媽每天都罵我那麼急幹什麼，她說寶寶在媽媽肚子裡多待一天，勝過跑出來待十天！大概意思就是寶寶在媽媽肚子裡面安全又營養啦，生出來再養大會比較辛苦。可是我實在等不及了啊，每天對著肚子講話也不知道他有沒有聽到，然後也不知道在跟長什麼樣子的人說話，這種怪異的感覺很難受耶！

做足功課，留意三產兆：落紅、規律宮縮、破水

大概從 34 週左右，我就開始每天在網路上閱讀其他媽媽分享的生產日記，而且我非常的有自信，只搜尋了「順產日記」還有「自然產日記」來看，每天睡前的例行公事就是 google 日記看到睡著，畢竟從來沒生過孩子，誰知道這顆大肚子裡住的人會用什麼樣的姿態來到我眼前？總是要做點心理準備的。

看了數百篇的生產日記後，我大概歸納出了一個結論（閒閒沒事嗎哈哈哈），發生以下三件事情就可能是要生了：1. 落紅、2. 規律陣痛、

3. 破水，但是這三件事情發生的順序不太一定，不過就我歸納出來的總結來說，基本上最幸福、痛最少的的順序大概就是「落紅→陣痛→破水」，因為落紅其實並不會痛，身體也沒什麼感覺，只是子宮頸口小小塞住宮口的肉從身體剝落，準備要把宮口慢慢打開讓寶寶有一條路出來，大概是一種收到邀請函的概念，當看到落紅以後，就可以有心理準備寶寶最近就要發動出來囉！雖說如此，但基本上真的要生的話要破水比較算數，不然很有可能都是虛驚一場，去醫院沒人會理你，會叫你回家洗洗睡繼續等……

　　我看過很多生產日記，主角媽媽落紅了急忙衝去醫院，結果宮口根本沒開，又被醫生趕回家繼續等，等不住了隔天又去醫院想要住院迎接寶寶，被內檢一下沒過關又被趕回家，要是我才不要平白無故被內檢咧！肚子沒痛、水沒破，還把自己送去被白白內檢真的太不聰明了啦！（關於內檢我也狂做功課，大部分人都說如果醫師很溫柔，他把手伸進去並不會太不舒服，只是感覺有異物；但也有人說很痛很痛，甚至有人說比生孩子痛……）反正有可能會很痛的風險我一點都不想冒，所以我告訴自己落紅以後千萬不要大驚小怪！

　　再來就是陣痛的部分，如果開始有規律的宮縮痛，基本上就是宮口在打開了！在尚未破水前的陣痛都還是可以忍受的範圍，我看過很多生產日記都有提到破水之後的陣痛真的會讓人想罵髒話！有的人很早就破水了但是宮口沒有打開，陣痛到忍無可忍還打了催生，卻還是沒什麼動靜，一痛就是十幾二十個小時……我真心覺得這種生產模式的媽媽們真的太辛苦、太偉大了！所以我一直希望自己可以晚一點破

水，能不要太痛就不要太痛。

　　我自己規劃的最佳模式（是可以規劃的膩？）最好就是先落紅收到邀請函以後，慢慢宮縮微微陣痛，宮口開得差不多了再去醫院讓醫生人工破水，最後沒擠幾下寶寶就自己滑出來這樣～完美！

　　經過我這番評估以後，我從 35 週開始就每天不斷的跟肚子裡的小王子說明這個非常重要的順序，一直跟他排演要怎麼來到這個世界～「到時候你要先落紅發個邀請函給馬麻，然後過幾天等出口打開大一點再去醫院讓醫生人工破水喔！破水以後也盡量不要讓馬麻太痛，趕快溜出來嘿！」這個孕妹要求的非常的多，沒錯，我就是任性，我才不要為母則強，我要舒服的把鵝子擠出來！

孕 36 週，胎頭下降，即將發動！

　　在孕 36 週產檢那天，首次做了我很害怕的內檢，嗯……倒沒有說真的痛到不能忍受，但是因為懷孕已經關機很久沒跟老公恩愛了，所以當醫生硬是把整隻手伸進去的時候我還是難受得哀嚎了一聲，而且醫生並沒有很溫柔……我事前有問過醫生會不會很痛，他一臉沒表情地說當然不會痛，邊說邊把手伸進去攪一攪，不知道為什麼我很怕被他罵，所以一直忍耐又憋氣的，真的是快噴淚了！不過這次內檢痛得很值得，因為醫生說寶寶的胎頭已經下來骨盆了，而且子宮頸很軟，

寶寶已經 3000 克了，未來三週內隨時都有可能發動！噢這真是個好消息！因為我實在是迫不及待地要見這個比網友還陌生又熟悉的小子了！

內檢回家後的那天晚上，我上完廁所赫然發現馬桶裡有很多紅色的血，用衛生紙擦了一下私處，真的看到一個小血塊，仔細看真的有點像黏稠的粉紅小肉。耶，我收到邀請函了！鵝子真的有聽話按照我指示的步驟發動耶！落紅後我一點都沒有緊張也沒有打電話給醫生，想說持續觀察看看接下來會發生什麼事……

果然落紅後的一週內什麼事也沒發生，這週倒是開始常覺得腰有點痠，大約是月經來的 0.1% 痠感，不會不能忍受，越到後面幾天，越覺得肚子很沉很沉，不好好扶著他就會掉下去的感覺，子宮韌帶也常不舒服，水腫也變明顯了點，手指頭有比較腫，看起來有點像甜不辣。

這一週不規則宮縮得非常頻繁，好像 10 到 20 分鐘就一次，但是因為完全都不會痛，而且也不規律，所以就沒特別緊張去醫院。那幾天走了很多很多路，逛超市、爬樓梯、在社區走來走去、做家務等等，硬是強迫自己不要賴在沙發上，感覺肚子變硬好像在宮縮了就捧著肚子原地休息一下。

整個孕期我的體力一直都很不錯，所以也都有保持運動與舉重，但是到了孕後期唯二影響到我活動力的兩件事情，就是鵝子總是壓著我的肋骨還有坐骨神經，超級不舒服，不能躺不能站不能坐，只能一直亂喬位子看怎樣可以舒服點。我本來以為肋骨還是一直很痛，應該是胎頭還不夠低，沒想到醫生說胎頭已經很低了都下到骨盆去了，但

是我的肚子還是看起來蠻高的，或許是寶寶腿很長吧！

孕 37 週，繼續觀察

這天回到家又看到了一點點紅色子宮頸黏液。開始明顯感覺到肚子更沉、更重，然後不知道是寶寶在動還是什麼情況，有感覺到陰部很像有東西快掉出來的感覺，刺刺癢癢的，會不自覺的想把大腿夾起來。

6/4 早上十點開始，15 分鐘宮縮一次，不過因為計算宮縮實在太麻煩了，我每次都會算到睡著，我可能是史上最不認真的孕婦了吧哈哈哈，想說反正規律不規律，真的要生了的話一定會知道的啦～果然接下來幾天依然沒什麼動靜……15 分鐘宮縮一次可能只是我想太多，因為最後還是算到睡著了 XD

孕 38 週，宮口開了！

6/8 這天來做 38 週的內檢，宮口居然已經開了 3 公分！但我始終沒有規律陣痛啊？醫生說胎頭已經超低，寶寶 3500 克重了！我覺得自己實在太幸運了～收到邀請函之後完全沒痛到就開了三公分！三公分

不是差不多可以住院待產了嗎？但醫生整個老神在在，只跟我說就這兩天了，不要亂跑喔，就這樣我又回家繼續等了。當天回家洗澡時又有些深褐色分泌物流出了，洗澡的時候都很擔心會不會其實已經破水了只是我跟洗澡水搞混？都會疑神疑鬼的把蓮蓬頭關掉確認一下，真的沒有流羊水才繼續洗澡。

就是今天了！！

　　6/10，早上4點10分，凌晨突然醒來覺得下面流出濕濕溫溫的分泌物，第一直覺就是該不會是羊水吧？但最近詐胡太多次了，所以先去廁所尿尿，結果發現尿停不下來，猶豫了一下，還試圖憋尿看看，想確認到底是破水還是只是尿失禁哈哈哈哈。確認了應該是破水之後，就把老公叫醒，趁老公打電話去醫院的時候，我馬上衝去洗頭洗澡，因為真的生了的話有一個月不能洗頭耶！洗完澡吹完頭髮，我還很悠哉的化了妝還有喝蜂蜜水，心裡想著晚一點我一定要美美的見我的小情人！因為羊水一直流，所以我包著成人尿布就出發往醫院去，醫院離我家只有6分鐘，凌晨4點55分就到了醫院，自己走進去急診室上待產房報到，結果被護士逼著坐輪椅，因為我羊水已破……不過我覺得自己走去生孩子比較帥欸。

　　美國的醫院很不一樣，尤其是生產的產房，裡面非常舒服，感覺像飯店，而且醫院這邊為了不讓破水後急急忙忙來生小孩的孕婦到醫院後還要辦住院手續，所以都有建議在37週產檢前就先把住院手續辦好，真的要生了就直接上樓去產房就可以囉。而產房與待產房是同一

間，裡面只有一張病床，還有一排沙發讓家人可以陪在一旁從待產一路到陪產，也有電視、無線網路，還附三餐 menu，讓人覺得生孩子真是一件很享受的事～

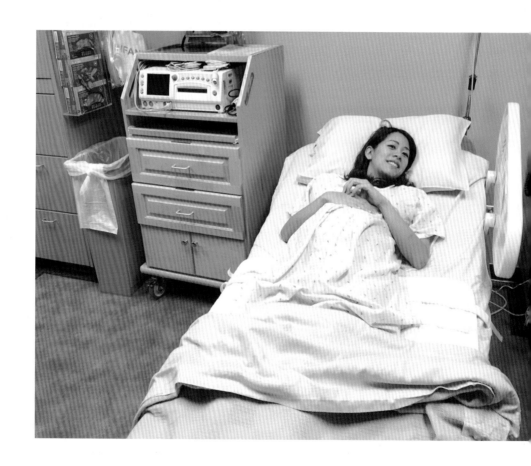

大約快凌晨五點到了醫院上待產房躺下，我一直都是期待又興奮的狀態，等下就要見到我鵝子了！爸爸媽媽和老公也都在旁邊陪著我聊天殺時間，大約早上6點時我才開始有點肚子與腰部痠痠痛痛的，但完全可以忍受，大概就是像月經來時那樣不太舒服而已，這時候護士來問我一些問題，是否要打無痛啊，告知一些基本流程還有是否對什麼藥過敏之類的，幫我填表紀錄一下，簽個名之後，幫我貼了測宮縮還有測心跳的儀器就走了。

　　一直很興奮接下來到底會發生什麼事的心情會讓時間過得很快，跟老公聊了一下天看了一眼時鐘居然已過2小時，早上8點35分，助產士來做了一下內檢，發現宮口沒什麼動靜，依然只有3公分……讓我小失望了一下，我以為破水之後會開很快然後寶寶就溜出來耶！不過這產房太舒適了，所以多待久一點也沒差啦，正這樣想的時候，助產士來幫我打催生了；我看過的順產日記裡面都有提到打了催生以後會開始很痛，所以在打催生的時候我就順便問了助產士，我最快什麼時候可以開始打無痛？我有聽說過開口太快來不及打無痛的，也聽過痛很久才給打無痛的，所以我真的很緊張，深怕錯過了打無痛的最佳時機！沒想到助產士回我：「妳想哪時打就哪時打呀！」哇～怎麼跟我爬文看到的都不一樣，看來在美國生小孩真的如傳聞說的很輕鬆又隨性！不過因為我目前還不會很痛，所以我就沒有在此時此刻要求無痛了。

來人啊，快上無痛！

　　約莫過了 45 分鐘，我開始覺得有點痛到快無法忍受，轉頭看了一下宮縮儀，上面會顯示 1 到 12 級的宮縮，現在來到了 6 級。什麼，這麼痛只有 6 級？！那 12 級是什麼感覺啊？就因為這個好奇心，所以我沒有立即要求打無痛，想說總要體驗一下下生孩子的痛嘛，等大概到了 9 級，痛再打吧！大概過了不到一小時，陣痛越來越激烈，好像真的快受不了了！叫老公來看看宮縮儀上現在到底是幾級了啊？ 結果居然才 8 級！好喔、好喔我不玩了，快叫護士來幫我打無痛！！

　　打無痛的時候已經是早上 9 點 30 分了，麻醉師要我坐起來，身體像蝦子一樣往前捲，我當時是往前抱著媽媽，心裡想著媽媽在 30 年前生我還沒有無痛可以打，她現在都可以安然無恙的站在這抱我了，這一小關 OK 的，聽人家説打痛就像是蚊子叮而已，不用太害怕，不過這隻蚊子很大隻還是蠻痛的，不過刺進去以後，護士還有麻醉師好像就把那根針換成軟管以後把硬針拔掉，然後麻醉師在按了幾下麻醉劑之後，一陣冰涼往脊椎間送過去，過沒幾分鐘肚子就真的漸漸不痛、下半身都沒感覺了！這真的是人類史上最棒的發明！因為上了無痛之後下身基本上都沒感覺了，所以也不能起來上廁所，接下來護士就來幫我插尿管，我一點也不想知道是怎麼插的，反正在這之後我都再也沒去上廁所，而且再也沒有任何尿意出現了。

　　插完尿管後又再做了一次內檢，這次內檢好棒！完全一點感覺

都沒有耶，不過令人洩氣的是……居然還是3公分的進度而已……鵝子啊你到底在龜什麼？媽媽都喝那麼多蜂蜜水，都破水那麼久、也打了催生了，你怎麼還不想退房呢？不過算了，產房那麼舒服，肚子也一點都不痛，而且本來懷孕後期的肋骨痛與坐骨神經痛也全部煙消雲散，一直被壓著無時無刻都有尿意的膀胱現在也無感了，老娘已經好幾個月沒有那麼自在輕鬆了！所以我打了無痛之後沒多久就沈沈睡去，感覺好幾個月沒有睡這麼好了，真的是太享受了。

　　在我睡覺的時候，產房還有送餐服務，但因為我要準備生孩子所以醫生不讓我吃東西……因此基本上送的三餐都被老公給吃光了，喂！到底是誰要生孩子啊？

　　舒服的沈睡之後，再醒來時已經是下午一點多了，醫生來內檢確認一下進度，發現終於有些微進展，已經開5公分了！距離10公分只有一半的距離囉～之前有看過人家說，6公分以後都會開比較快，我躺在床上盯著牆上的時鐘，開始做一件無聊的事情就是算時辰，我一直在算……嗯 如果小王子三小時內出生會是什麼時辰，然後再打開手機上網查一查這天這個時辰出生的命格好不好哈哈哈哈。

　　過沒多久我又沉沉睡去了，因為身體實在太舒服太沒負擔了，打無痛後護士有跟我說，這段時間將會是妳從懷孕到生產後睡最爽的一覺，現在回想起來還真的是這樣！再一次內檢是下午四點鐘，這時已開了7公分，好振奮人心！雖然還是沒有很快但是極接近了！到了晚上6點半，醫生說已經開了10+1了！我也不知道+1是什麼意思，可能就是開超大的可以開始生了吧！耶耶耶，我要見到我鵝子了～

準備上戰場，1、2、3，Push ！

　　助產士跟我說可以開始練習看看用力囉！疑等等，我聽說過生的時候要把無痛關掉不然很難出力耶，所以我一直很緊張什麼時候會被關掉會很痛很痛，當我問助產士的時候，她居然跟我說不會關掉啊，反正妳只要知道怎麼大便，就會生小孩啦！哇，她把生小孩這件事講的像一塊小蛋糕一樣簡單，實在是太讓我放心了，嗯，原來生小孩可以這麼舒服而且完全不會痛，還可以睡這麼好住這麼好，我要生十個！！

　　晚上 6 點 36 分，我戴上氧氣面罩後，開始滿懷期待、興奮地練習用力，護士說用力時很有可能因為憋氣而缺氧，所以氧氣面罩都要戴著，說真的我以為戴氧氣罩可以一直吸到氧氣應該會很舒服，沒想到一點都沒感覺還覺得有點礙眼，不過沒差，反正我應該三兩下就會把小王子擠出來了吧～

　　這時候開始一連串的用力，但一點都不痛實在是太神奇了，我只要聽著助產士的指示，她叫我 1、2、3 push ！我就聽話用力拉屎就對了，但……其實要在下半身沒知覺的狀態下大便真的有難度！我一直試圖感受擠大便的感覺，但是好像沒什麼進展，不過大概在用力第五下左右的時候，助產士跟我說我有抓到感覺唷很棒很棒，再接再厲！嗯……說真的我也不知道是在安慰我還是真的，因為我真的不知道有什麼差別啊哈哈哈哈，就是一點感覺都沒有啦，頂多記得不要把力都

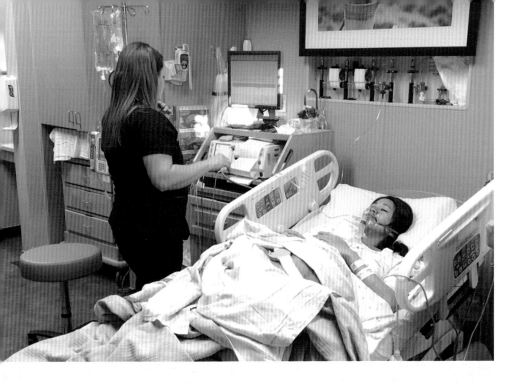

用在上半身吧，盡量往下半身送去，我主要也是擔心我會腦袋爆炸、臉部微血管都被我用力擠破了 XD

　　就這樣來來回回，用力約莫過了一小時⋯⋯助產士提議說，要不要拉一面鏡子來，讓我看著鏡子生比較抓的到感覺？蛤？這哪招？？我爬那麼多文都沒有聽說過這一招耶！而且要看著自己的私處生小孩也未免挑戰太大了啦我不要！所以我跟助產士說：「呵呵呵沒關係，我再努力試試看喔。」她說好吧，那妳先休息 30 分鐘好了～

　　有沒有覺得整個場景好像都蠻 peace 的？是真的沒有很激烈，一切都拜無痛所賜呀，我還能輕輕鬆鬆的跟旁邊的媽媽還有老公聊天，他們一直跟我說有好像有看到頭髮了唷，應該再一下就可以出來了，我又抬頭看了一下時鐘，心裡想：「嗯，等下又要重查下一個時辰的命格好不好了，居然拖這麼久還沒生出來啊！」

　　休息的時候我漸漸有感覺到下半身痠痠的，那種月經要來的感覺又出現了，我問了助產士，是不是無痛有點退了？她說應該正常，我們沒有幫妳補上無痛，因為想試試看讓妳有感覺一點看會不會生比較

快這樣。喔？好像有道理，但是真的要開始痛了嗎？那我要趕快把握好不要拖太久啊（抱頭）

　　晚上 7 點 50 分，重新開始 push ！嗯，這下真的有感覺了，有感覺經痛越來越痛，腰越來越酸，下半身越來越不舒服，不過一切都還忍得住，這下應該用力幾下就能把鵝子擠出來了吧！沒想到始終沒有進展，助產士教我用了各種姿勢用力，划船的姿勢、抓床單往下用力的姿勢、抓緊扶手用力的姿勢、抱著自己大腿出力的姿勢⋯⋯但沒有比較有效，雖然大家都一直跟我說看到頭髮了，快了！但是為什麼就是擠不出這條千年大便！所以我投降了，跟助產士說：「拿鏡子來吧，試試看鏡子吧！」

　　我想這輩子最難以形容、尷尬又怪異的畫面就是對著鏡子生孩子，為什麼要看著自己的陰部被撐開的樣子真是一大惡夢，但算了，只要能把這條千年大便解出來我都沒關係了啦！現在在跟無痛麻藥賽跑，再不跑快一點我就要被 12 級陣痛追殺了！

　　看著鏡子用力的確有一點效果，不過僅僅是安慰效果而已，因為我一直想像從自己下面那個洞看到兒子的頭，而且助產士把我私處外層撥開，我確實有看到一點點黑色的頭髮。「真的耶！他真的就在那裡了耶！好！！我再努力 push ！」但是看到鵝子的頭一直卡在那裡實在讓我有點擔心，因為我爬過的生產日記文，很多都是生了 30、40 分鐘寶寶缺氧了，或是心跳太快等因素急推去剖腹，而我已經破水超過 12 小時、用力了一個小時，小王子真的都沒關係嗎？於是我問助產士鵝子還好嗎？他們居然回我說：「這不需要妳擔心，妳的任務就是生

孩子其他不要想，這個由我們來操心。」好吧那我就真的不管了喔，繼續努力！一路看著鏡子、變換各種姿勢又用力了半小時……助產士眼看沒進展，她終於和我說了一句晴天霹靂的話：「我們決定把妳的無痛關掉。」

　　WTH，居然走到了這一步！！助產士們說，把無痛關掉應該會比較讓我好施力。說真的，整個孕期我都一直有在健身，有努力做凱格爾運動，有認真的 stay active，居然碰到了施力上的問題我真的是感到很氣餒很氣餒……可是氣餒有什麼用？當務之急是趕快把鵝子給擠出來吧！

來到 12 級陣痛的地獄

　　說我身處在地獄裡真的一點都不誇張，在生產以前，說實在我一直很好奇陣痛到底是能有多痛，以前小時候經痛曾經有痛到昏倒過，所以我想就算再怎麼痛也就是昏過去而已吧。但我真的是錯了，這完全是不同檔次、完全不能比的痛！月經來的痛大概是那種全身無力，下半身痠痠脹脹，下腹部像拉肚子一樣一陣一陣絞痛，頭暈目眩的那種痛，而生孩子的痛，是已經意識不到全身有沒有力氣的程度了，除了下腹部比拉肚子的絞痛還要痛上千萬倍之外，下半身則是一種骨頭全部都要裂開的痛！ 所以根本是沒有辦法暈過去的，而且還必須要在最痛最痛、宮縮最強烈的瞬間配合用力，就已經痛到快死了還要努力

237

呼吸跟出力，這不是地獄到底哪裡是？！但是我在這地獄中有非常非常克制自己不要叫出聲來，一是不想浪費力氣叫，二是不想要讓自己崩潰，感覺一叫就沒完沒了了會整個軟弱下來，所以我幾乎都沒有哀嚎，努力把每一口氣用在對的地方。

　　從晚上 8 點多開始的地獄之痛一直持續到 10 點鐘，在這之間我經歷了絕望、振作、堅持、相信自己一定可以、想一死百了、絕望又再度振作的循環好幾十輪，在一旁看著我生的媽媽都快要哭了，她一直幫我一起憋氣、吸氣，看起來就是恨不得幫我生一樣……媽媽最後終於鬆口問我，要不要去剖啊？一聽到要剖腹我就忍不住哭了出來，對當下的我來說好像是被蓋了一個不及格的章一樣。我那麼努力了，為什麼就是生不出來？不行，我不相信我會剖腹，我絕對會靠自己把小孩生出來！我馬上收回眼淚，眼神堅定地說我一定可以，然後又開始認真地在最痛最痛得要死的巔峰用力！

　　一直到接近十點鐘的時候，醫生進房看看我的進度，這次他看完以後沒有轉頭就走，他走到了我身旁握住我的手說：「親愛的，妳經歷了很長一段的努力，我們必須做一個決定，讓妳去剖腹，因為妳已經沒有力氣了。」

　　因為妳已經沒有力氣了，妳已經沒有力氣了，妳已經沒有力氣了……

　　這句話在我腦邊迴響著，要去剖腹的原因居然不是因為小王子撐不住，而是因為我沒有力氣了！我平常健身是健假的嗎？這瞬間我感到好挫敗、好挫敗，我竟然沒有辦法把我的小孩生出來。我哭著跟醫

生說我不要，我要再試一試！但是醫生離開後，他那句「妳已經沒有力氣了」一直不斷在我耳邊迴繞，不知為什麼，我真的覺得我沒有力氣了，我完全使不出力了，雖然我還是努力地試了三次陣痛與 push，但是我的意志力完全崩塌了，接下來席捲而來的，是 12 級讓我想殺了自己的陣痛！因為不需要在陣痛的巔峰和它對抗出力，所以這個陣痛的痛真的是完全的從骨子裡直攻到我大腦的每一根神經，在我崩潰的最後這三次 push，我終於大吼大叫地叫出來了，果然越是哀嚎就越痛，整個人亂了陣腳，堅強的意志全部被攻陷了！

我大聲哭吼著說：「我去剖吧我去剖！」然後哭著叫老公快去找麻醉師來幫我上麻藥，我一刻都無法忍受了！我忘記接下來到底發生什麼事了，只記得麻醉師站在我旁邊，我哭著求她快一點，她說大概要 10 分鐘麻藥才會漸漸生效，我心想「乾，居然還要再等十分鐘！我一秒都不能等！」

這 10 分鐘像過了 10 年一樣久，突然好幾陣冰涼液體注入到我的脊椎裡，終於我熬過了這生不如死的痛，終於下半身又沒有感覺了，但接下來會發生什麼事情我完全不知道，誰叫我產前那麼有自信的只有找自然產的日記，對剖腹產的流程還有細節一概不知。

接下來老公被叫去換上手術室的衣服，然後我就被推去手術室了，被推去手術室的心情真的好難過，我 push 了整整四小時最後是剖腹收場，身體好痛，心情好差，而且我真的好害怕，肚子被切一刀以後到底要怎麼復原？我一點概念都沒有，被推去手術室的路上，我只想著我的腹肌……

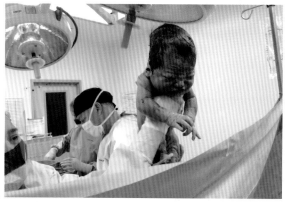

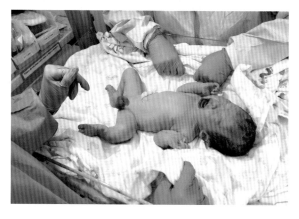

在手術室裡的記憶只有冰冷，可能是麻藥上很多，我只記得我全程都不自覺的一直發抖著，抖到我覺得我都要摔下床了。護士與醫生把我搬到手術檯上的時候，我才驚覺到我的下半身是真的一丁點知覺都沒有，原來這就是半身麻醉的感覺，他們把我的腳抬起來我完全都不知道，護士在我的面前架上了一塊布，接下來我只記得一直聽著醫生跟護士在聊天……是的，他們很輕鬆地聊天，聊哪家餐廳好吃，聊誰誰誰的班上到幾點，跟我的心情成強烈的對比，我好害怕而且好氣餒，也不知道他們

在我的下半身做了什麼，現在切了幾刀了？寶寶還安全嗎？我沒力氣
說話，只能一直發抖。

"Wow！Big Head"醫生說了一句話！！

然後，我聽到了一陣嬰兒的哭聲，醫生接著說了晚上 11 點 37 分，
3522 公克，小王子誕生了！

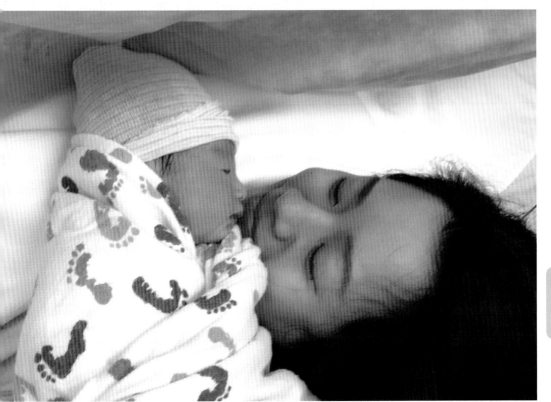

我本來以為我會像電影裡面，聽到寶寶的第一個哭聲落下感動的淚水，沒想到我一點都感動不起來，我只覺得謝天謝地啊，一切終於結束了！醫生護士們把小王子移到另一個檯面上做清潔，我轉頭過去想看看我兒子長什麼樣子，但是被老公的背影擋住了，我一直耿耿於懷他竟然把我擋住了，一點都不關心生得那麼辛苦的我有多想看兒子的心情！但事後他跟我坦白……因為他看到兒子的時候嚇到了，兒子的頭好長好大！難怪我怎麼死命地生都生不出來。而當時正流行茲卡病毒小腦症，他超慌亂以為兒子得了什麼絕症，結果醫生說，因為小王子的頭太大，卻在產道來回擠壓太久，所以把頭給擠長了。

　　天哪，這不就是我害的嗎嗚嗚嗚，媽媽對不起你，生不出來還硬堅持要自己生，把你的頭擠了四個小時都變成辛普森了！好險醫生說過了2、3個小時頭就會復原了，他們還幫小王子戴了一頂帽子才抱到我眼前。嗨～兒子，我們終於見面了！

　　兒子在手術室裡只哭了不到5聲，其他時間都張大著眼睛到處亂看，一副「也太久才讓我出來了吧！原來外面長這樣子啊！」的表情，然後護士就把小王子給抱走了，老公也一起離開手術室，剩下我自己空虛的躺在手術檯上被醫生在做縫合還有善後。

　　我再度被移回產房去，會在這邊待2個小時做術後觀察，護士這時候把兒子抱來了，他們把兒子放在我的乳房讓鵝子與我第一次親密接觸，這個感覺真的真的太奇妙了！在肚子的小小人現在就在我眼前耶，原來他長這樣子呢！

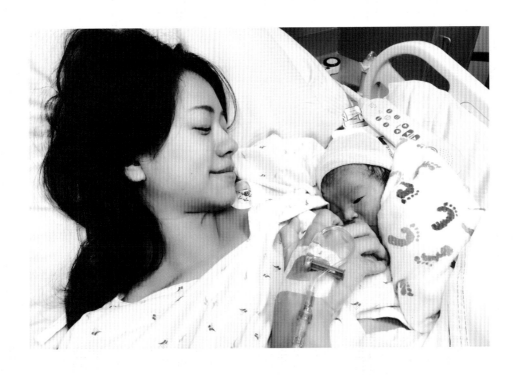

大寶生產實錄

🍼 二寶生產實錄

　　由於懷上二寶時，距離第一胎生產吃全餐只有短短 11 個月，只能說，女兒來的真是時候！因為時間間隔短，所以這次醫生建議我必須要選擇剖腹產，雖然我真的很想要體驗自然產、靠自己的力量把孩子擠出來的感覺，但醫生說，為了避免子宮在用力生產的時候擠壓到之前的傷口而破裂，加上上一胎生不出來可能是因為骨盆產道的形狀、長短等等狀況，以至於我不適合自然產，這一胎也很有可能會發生同樣的情況（雖然我覺得問題不在於我的骨盆與產道，明明是因為我兒子的頭太大了啊），在種種考量下，還是決定這次就用剖腹產的方式產下女兒。

輕鬆悠哉地等待剖腹產

　　經過上一胎吃全餐的慘痛經歷，這一胎確定要直接剖腹反而讓我鬆了很大一口氣，雖然我內心很想要自己生，但不免還是對上一胎的全餐吃到飽有點陰影⋯⋯既然確定要剖腹產了，也不必戰戰兢兢的等待落紅、破水等等產兆，反正時間到了就去剖出來就對了是吧！我想也是因為這樣，所以我到了孕後期時也老神在在的，反正已經和醫生約好了，預產期是 2018 年 1 月 30 日，就訂在 2018 年 1 月 23 日剖腹，大概類似當兵數饅頭、讀書等大考的那種感覺，時間到了就多了一隻孩子的概念。但這樣輕鬆悠哉的想法，並沒有持續直到剖腹那天⋯⋯

就在孕 36 週的時候，產檢時妹妹已經 3,137 公克重了，醫生說妹妹的體重、體長都偏大一點，大約是 37、38 週大的標準，2018 年 1 月 2 日這天，我突然覺得今天特別感到腰痠、腿痠，是那種月經快來的感覺，這時候才熊熊想起，醫生幫我排在 39 週剖腹，啊上一胎兒子是 38 週的時候發動的耶，這一胎該不會也提早吧？女兒現在的 size 好像已經足月了，噢該不會在剖腹前就會發動了吧？我這時才開始緊張起來，開始非常注意身體各種感受。

我覺得懷孕的各階段體驗都好神奇，經過漫長 9 個月的不同階段：孕吐、胎動、肚子慢慢變重、肚子往下墜，現在她就快要出來了！什麼時候要出來、要用什麼形式出來，先落紅？先破水？預產期前？預產期後？ 這些都是完全未知的，讓人期待又有點刺激，我想就是因為這樣，所以我好愛懷孕喔！

話說回來，1 月 2 日那天腰痠腿痠了一整晚，讓我不得不開始做心理準備，隔天就和老公去醫院辦好了住院手續。在美國生產，通常都會是先辦好所有的住院手續，這樣一有產兆就可以直接入院準備生產。辦完住院手續的這天晚上，也是很像生理期那樣，下半身痠痠脹脹的，不過倒也沒有很痛，只是宮縮蠻頻繁的，一陣一陣地感受到肚子變緊又變鬆，但一切都還能忍受。整天只想要躺著休息，可是越躺卻又覺得痠痛與宮縮的感受更明顯……難道真的快生了嗎？這天晚上我不斷幻想著破水、落紅、衝去醫院進手術房剖腹的種種劇情入睡，沒想到隔天早上一切又恢復正常，還陪媽媽去買菜、逛街，走了好多路，心裡有點小失望，畢竟昨晚都自己排演見女兒的劇情好幾輪了，

但她還沒有要出來也不能逼她，只好繼續等下去。

　　忐忑不安地又度過約莫一個禮拜，滿 37 週的這天，腰又開始酸痛了，很像月經來或是拉肚子的感覺，所以我就跑去蹲馬桶，蹲了 15 分鐘一點便意也沒有，只覺得腰很酸痛、宮縮頻繁、肋骨也在痛，胎動十分活耀，這幾天越來越辛苦了，坐在馬桶上邊想著「37 週了，妹妹你想出來了嗎？」這一天晚上也是腰痠、腹悶，一邊試著計算宮縮睡著的（算宮縮還能睡著表示又是虛驚一場）。上網爬其他媽媽的文還有自己第一胎寫的生產日記，看起來好像差不多痠感開始後 10 天就發動了，我是上周開始出現經痛痠感的，難道這週末就會見到妹妹了？隔天產檢時，腰又開始一陣一陣痠痛，醫生問我說每次宮縮都維持多久呢？我說我每次想要算宮縮都會算到睡著，醫生回：「那就沒事啦！但應該快了，上一胎為何用剖的呢？」我說當時我 push 了四小時都沒有生出來，兒子的頭太大了……醫生臉色怪怪地告訴我，一般婦產科醫師是不會讓產婦生到四小時的，產程太久對胎兒還有母親都有危險，通常半小時左右生不出來就去剖腹了。我告訴醫生上一胎是差不多 38 週兒子就發動了，我這幾天真的腰很痠痛，連腿也是，我覺得應該下禮拜妹妹就會自己發動了吧？醫生悠悠地回我說：「下週再內檢看看宮口有沒有開。」噢居然還要再等到下週，雖然我很討厭內檢，可是我真恨不得現在就趕快檢查看看是不是開了 5 公分可以去生了啊，真的全身都不舒服啊！

終於有產兆了！卻被退貨？

　　2018 年 1 月 12 日，還未滿 38 週，這天晚上躺坐在沙發上看電視，大約從晚上九點開始感覺到明顯的宮縮，要老公幫我計時（我自己計會睡著），大約兩個小時內，蠻規律的每 7 到 10 分鐘宮縮一次，沒有很痛但是很規律，所以決定在晚上 12 點出發去醫院。因為完全不會痛，也沒破水沒落紅，所以我還老神在在地跑去化了個妝，想說幾小時後要美美的見我女兒～

　　到了醫院後護士幫我內檢，發現宮口竟然已經開了 4 公分，而且規律宮縮也到了 4 級，聽到這個結果好興奮啊！！終於要結束肋骨痛、腰痠背痛的日子了！萬萬沒想到……美國的婦產科我真心不懂你，因為這一天是週末，我的醫生沒有上班，如果接生的話要由另一位代理醫師接生，加上我的宮口沒有很低、薄，醫生跟助產士都覺得還可以再等等，沒有那麼緊急要生，所以居然幫我打了一針暫緩宮縮的針，要我繼續等，如果打了暫緩宮縮針，但到了早上都還是持續開宮口跟宮縮，那就表示真的要生了。我滿腦子黑人問號？？？這到底是怎麼回事？我不是選擇剖腹產嗎？為什麼剖腹產也要等到急著要生了才能去剖啊嗚嗚嗚嗚，居然還要打針來對抗我快要生的身體，以我這個那麼急性子的人，都已經陣痛 4 級、宮口開 4 公分了，居然還要我等！而且打這個針以後好不舒服，會讓心跳變很快，手一直抖，雖然針很細小，但是真的超！級！痛！這個針是打在手臂下掰掰袖的位置，護

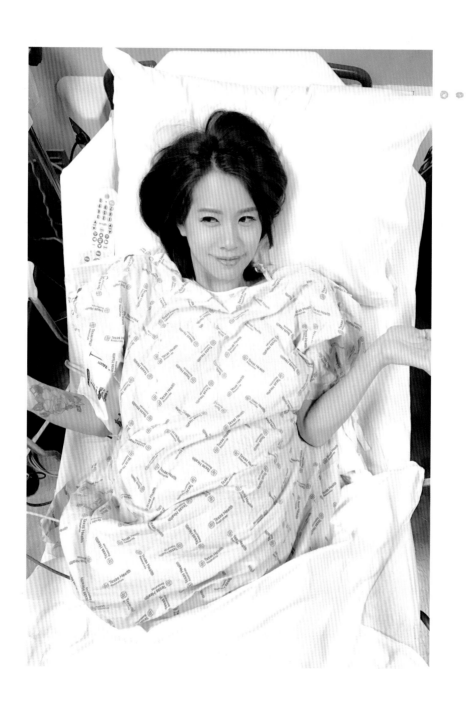

士說是打在脂肪裡，因為我沒什麼脂肪所以可能比較痛……原來脂肪少也不全然是好事啊，痛死我了。針打完以後護士給我枕頭，讓我躺舒服的姿勢，幫我關燈叫我睡覺等早上再說，我怎麼可能睡得著！ 美國生孩子為何都那麼妙，上一胎讓我生四小時全餐吃到飽，這一次我明明是要剖腹產，都有產兆了卻還要我暫停！真的很想抱頭吶喊為什麼你們這麼愛整媽媽！

　　終於熬到了早上六點，轉頭看看陣痛測量儀的螢幕，陣痛有5級了耶！所以我的產兆對抗暫緩宮縮針成功了嗎？過沒多久，護士來幫我內檢，居然依然是4公分的進度……結果我就正式被退貨回家等了……

　　不知道是不適暫緩宮縮的針太有效，還是我女兒真的不想退房，又平穩地度過了3天都沒有什麼動靜。1月15日這天早上決定用增加活動量的方式來催生吧！一早就出門去咖啡廳吃早餐、逛街、逛超市、吃午餐，基本上整天到處趴趴走想要催女兒快點出來，因為腰痠背痛、肋骨擠壓的疼痛在孕後期讓我好痛苦，這幾天我還坐在瑜伽球上一直顛，也買了覆盆莓茶來喝幫助子宮頸軟化，腦海中一直幻想破水的畫面，結果依然什麼動靜都沒有。晚上躺在床上想妹妹會怎麼發動的時候，熊熊想起過去一兩個小時好像都沒感覺到胎動，因為平常她是超級好動寶寶，突然不由得擔心了起來。我開始晃動我的肚子、搓搓她、敲敲她，平常我這樣做她都會馬上回應我，就算在睡覺也會緩緩的回我一拳會回踢我一腳，但這次我搞了十分鐘她還是一動也不動。我緊張地把老公叫起來，他摸著我的肚子也感覺怪怪的，不像平常的她，

想到兩天前出院時，護士跟我說 "you can never be too careful." 我
就覺得應該要謹慎一點，去醫院檢查看看吧，虛驚一場也總比出事好。
開車到醫院的路上妹妹還是沒有動，我匆匆跟護士說明來醫院的原
因，接著就去病房裡躺下來做檢查了。結果，護士一幫我裝上胎動監
測儀，妹妹就開始動了！害我有點丟臉……她前一兩個小時真的都沒
有動啊！！都怪我平常到處亂看一些預產期前一兩天胎死腹中的新聞
自己嚇自己，我擔心緊張到差點要哭了，還好妹妹沒事。隨後又被護
士內檢了一次，宮口依然是 4 公分沒有進展，看來兩天前打的安胎針
很有效呢……妹妹妳到底要不要退房啊？護士叮嚀我說這陣子不要到
處走來走去，要一直休息安胎。想一想覺得也太妙了，宮口都已經開 4
公分了居然還打安胎針又不能走動，美國的生產流程真的和台灣好不
一樣啊！好吧，我只好放棄想讓妹妹早點出來見面的念頭。妳不想退
房，醫生也不想讓妳退房，那媽媽我就再忍忍吧！只要妳健康平安就
好了！

預備備，終於要見面了！

2018 年 1 月 17 日，這一天剛好滿 38 週，有預約產檢，醫生說
我這幾天狀況很多，下次再去醫院可能就不讓我退房了，美國的健康
保險不像台灣的健保這麼方便又有人性，雖然是剖腹產，但若是醫生

判斷產兆不夠明顯，是不能在預定剖腹日之前剖的，否則保險不會給付。因此前面幾天助產士及醫生才會採取拖延戰術，能拖到越接近預產期越好的意思，但我還是不太能接受懷孕近 38 週還要安胎這種做法就是了，拖得我的身體好累啊。接著醫生幫我做了內檢，這幾天一直被內檢覺得好心酸，內檢那麼多次到現在都還沒生出來，而且還忍受了一週以上的陣痛宮縮，為什麼我覺得這次根本就跟到吃全餐沒有兩樣？邊這樣想的時候，醫生邊抽出他的手說：「子宮頸開了 4 公分，宮口很軟了喔，胎頭也下來了，我們明天或後天來剖吧！」天哪聽到這個消息我真是痛哭流涕！終於熬出頭了嗎？

　　開心地回到家，和媽媽與老公討論要明天剖還是後天剖呢？我還一直上網查哪一天的命盤比較好咧哈哈哈哈！結果這天下午四點半又開始規律宮縮，這次我沒有太大驚小怪了，數著宮縮一路數到晚上八點半。連續四小時每五分鐘宮縮一次，還是去醫院吧！這次我很確定，是來真的了！因為醫生已經和我說過，再去醫院就不讓我退房了，所以這次去醫院很安心、很踏實，我知道明天早上就可以見到我女兒了！晚上十二點，我的身上還是貼著宮縮、胎動檢測儀，目前為止都沒有太大動靜，護士和我說醫生幫我安排早上七點進手術房剖腹，現在可以好好睡一覺喔，我記得上一胎生兒子的時候，整個孕期九個月睡的最好一覺，就是在醫院待產的那一覺了！所以這一覺我睡得很穩很沉，因為我知道，明天過後，睡不飽的日子即將開始。

　　過了一晚，隔天早上六點多的時候我被護士叫醒，幫我做了一次內檢，發現空口開到 5.5 公分了！不過也沒有什麼好興奮的，因為我

是要剖腹產啊！接下來護士把我推到了手術室裡，要我彎著腰像一隻蝦子一樣，在我的脊椎處打上麻醉針。本來我是超怕超怕打針的，不過回想上一胎生兒子時所受的苦，這一針實在是比蚊子叮還不如啊，所以我一咬牙就撐過了，反正等下不需要出力自己生，整個產程最痛的也就是這一針了吧！打完針後不到 10 分鐘，下半身就漸漸沒有知覺了，護士們抓著我的腿，合力將我移動到手術台上，掛上了布幔，老公走進來陪在我身旁後，就準備要剖腹了。

這次剖腹和上次完完全全不一樣，十分平靜又祥和，醫生在切來切去的同時，我還在跟老公聊天：「妳等一下看到妹妹，一定要馬上回頭跟我說他有沒有 10 隻手指頭跟腳趾頭喔！」「我覺得好像有點冷欸，幫我把毯子往上蓋一點。」我們的對話就像在家裡客廳看電視一樣平常，對比上一胎生到要死還去被切一刀的經驗，深深覺得女兒根本是來報恩的哈哈哈哈（所以兒子是來討債的吧）。

早上八點多，3960 公克，我的女兒出生了！

我聽到了響亮的哭聲，不過這哭聲跟兒子的很不一樣耶，是一種比較細柔、比較委屈的哭聲，不像兒子的哭聲永遠都像在生氣一樣讓人很緊張，接著助產士就把妹妹抱去了清潔台擦拭，醫生則開始幫我做縫合，我邊聞著電燒的烤肉味，邊轉頭盯著妹妹看，但是清潔台幾乎就在我身後的角度，我轉到脖子都快落枕了，接著老公就說「有 10 根手指頭還有腳趾頭喔！」哈哈哈哈哈可是我一點也不想聽這個，我想要看看她長什麼樣子啊！ 老公說她長得……就跟兒子一模一樣！「真的假的啊？！」我內心直呼怎麼可能有這麼神奇的事情，但就在

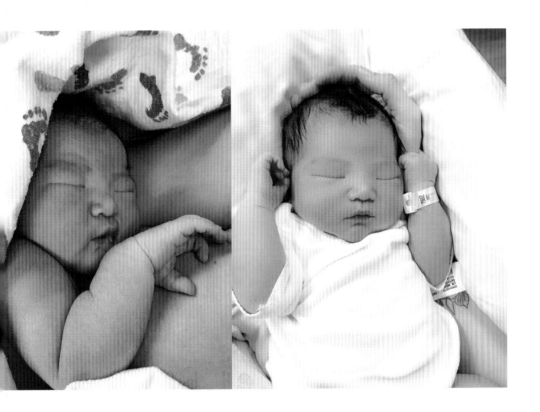

助產士將妹妹抱到我身上進行第一次肌膚之親的時候，我見到她了。「為什麼會長得一模一樣！！」我邊笑著邊大呼不可思議，他們倆個根本就是相隔一歲的龍鳳胎呀！

待縫合完成，我被推去產房觀察 2 小時，去產房的路上，我都抱著妹妹、肌膚貼著肌膚地讓她練習喝奶。妹妹好小、好軟、好紅，這

就是住在我肚子裡 9 個多月的小妞啊！嗨，我們終於相見了！

　　這次剖腹產跟上一胎激烈的產程比起來，整體都還算順利，唯一讓我不適的只有產後嚴重的頭暈與嘔吐，可能是麻藥還是止痛藥的副作用，也可能因為我空腹過久，從開刀前八小時沒吃東西一直到隔天早上，即使已經排氣了我卻完全無法進食，甚至一喝水就大吐特吐，護士一直進房要我開始嘗試吃東西還有多喝水，才能盡快把麻藥代謝掉就不會那麼暈了，我逼自己吃了幾片蘇打餅乾配兩口水，不到 5 分鐘又都通通吐出來，看來生孩子就是得經歷一些痛苦無誤啊。

　　剖腹當晚凌晨一點鐘，被護士叫下床開始練習走路，繞著醫院走廊走了一圈，這次剖腹後的復健沒有上一胎那麼痛苦，我開始認真覺得上一胎會那麼痛苦，完全是因為當時醫生判斷有誤，讓我生了四小時後全身虛脫才把我推去切肚子，想想當時用力到肌肉組織都受傷了吧，還要在這種狀態被切一刀，難怪復健的時候我那麼想死。想到這些，又再度覺得女兒是來報恩的，讓媽媽痛那麼少真的好貼心啊！

　　住院的這兩三天，大致上就是餵奶、休息、吃飯、睡覺等等；這一胎雖然是剖腹產，可是可能是因為產前我就很努力的按摩胸部，還叫兒子沒事幫我吸兩口刺激一下乳腺，所以生完第一天我就有奶了！可是無奈妹妹嘴巴好小好小，花了很多時間與力氣在學習吸允，我們練習了好多次才讓他抓到正確含乳的姿勢與感覺，練習的這幾天我的乳頭都破了又結痂、結痂又被咬破地循環，但這跟上一胎所受的苦還真的不算什麼啊哈哈哈哈！上一胎生完我整個無敵了吧，反正乳頭破掉就用乳汁塗一塗，一個小時後就是一條好漢啊！但女兒並沒有因為

媽媽很樂觀而捧場地喝夠多的奶……在出院的前一天，醫生說妹妹的脫水體重下降幅度超過了 11%，泌乳顧問也說雖然我奶量很夠，可是妹妹不太會吸所以喝不足，因此看要不要先餵配方奶頂一下？等到寶寶的體重回升了再轉為全母乳。我有點失落難過，果然還是沒有那麼順利啊，我本來打算這一胎要挑戰全親餵到一歲的，怎麼現在就要開始讓她接觸奶瓶了？我也很怕餵奶瓶會讓她乳頭混淆，因為上一胎兒子就是因為乳頭混淆而讓我受盡了苦頭，但為了女兒的健康著想，我也只能妥協了。好在妹妹被配方奶與母奶交替餵了兩天，體重就回升了，也漸漸抓到了喝母奶的技巧！

2018 年 1 月 20 日，我們出院回家了。
一家四口的生活從今天正式開始。

給寶貝的一封信

　　在我剛得知懷孕時，既期待又害怕，但有更多的不安，這種感覺讓我好焦慮，後來我將心裡想對寶寶說的話寫下來，卻意外地平撫且安定了我的情緒，因此我也想邀請孕妹們將此刻的心情記錄下來，寫下第一封給寶貝的信吧！

來自南法的幸福獻禮 ————

Hydraflore 海芙柔

曾聽聞妊娠紋與體質有關！
但其實只要不讓自己胖的太快，並給予肚皮比平常更多的滋潤與愛，在這280天裡妳會依舊美麗。
以高親膚性的植物油及高濃度植萃達到絕妙平衡配方，讓肚中寶寶也一起享受保養的樂趣。

野玫瑰緊緻精華/100ml/$2180
馥白美體精華油/100ml/$1880

● 海芙柔全商品擁有有機公平交易認證及最新歐盟有機標章 ●

粉絲頁　　　官網

國家圖書館出版品預行編目資料

好孕動STAY FIT WITH MI：超人氣健身教練的孕期健
康動.營養吃.養胎不養肉全計畫 / Michelle著. -- 初版.
-- 臺北市：春光, 城邦文化出版：家庭傳媒城邦分公司
發行, 民107.12　　面；　　公分
ISBN 978-957-9439-49-7(平裝)

1.懷孕 2.產後照護 3.健康飲食

429.12　　　　　　　　　　　　　　107021023

好孕動STAY FIT WITH MI
超人氣健身教練的孕期健康動、營養吃、養胎不養肉全計畫

作　　　者／Michelle
企劃選書人／張婉玲
責任編輯／張婉玲

版權行政暨數位業務專員／陳玉鈴
資深版權專員／許儀盈
行銷企劃／周丹蘋
業務主任／范光杰
行銷業務經理／李振東
副總編輯／王雪莉
發行人／何飛鵬
法律顧問／元禾法律事務所　王子文律師
出　　版／春光出版
　　　　　台北市104中山區民生東路二段 141 號 8 樓
　　　　　電話：(02) 2500-7008　傳真：(02) 2502-7676
　　　　　部落格：http://stareast.pixnet.net/blog E-mail：stareast_service@cite.com.tw
發　　　行／英屬蓋曼群島商家庭傳媒股份有限公司城邦分公司
　　　　　台北市中山區民生東路二段 141 號11 樓
　　　　　書虫客服服務專線：(02) 2500-7718 / (02) 2500-7719
　　　　　24小時傳真服務：(02) 2500-1990 / (02) 2500-1991
　　　　　服務時間：週一至週五上午9:30～12:00，下午13:30～17:00
　　　　　郵撥帳號：19863813　戶名：書虫股份有限公司
　　　　　讀者服務信箱E-mail: service@readingclub.com.tw
　　　　　歡迎光臨城邦讀書花園 網址：www.cite.com.tw
香港發行所／城邦（香港）出版集團有限公司
　　　　　香港灣仔駱克道 193 號東超商業中心 1 樓
　　　　　電話：(852) 2508-6231　傳真：(852) 2578-9337
　　　　　E-mail : hkcite@biznetvigator.com
馬新發行所／城邦（馬新）出版集團　Cite(M)Sdn. Bhd
　　　　　41, Jalan Radin Anum, Bandar Baru Sri Petaling,
　　　　　57000 Kuala Lumpur, Malaysia.
　　　　　Tel: (603) 90578822 Fax:(603) 90576622　E-mail:cite@cite.com.my

美術設計／林佩樺
攝　　影／吉米攝影工作室
印　　刷／高典印刷有限公司

城邦讀書花園
www.cite.com.tw

■ 2008年（民107）12月27日初版
■ 2021年（民110）4月29日初版2.5刷

Printed in Taiwan

售價／420元

廣　告　回　函
北區郵政管理登記證
台北廣字第000791號
郵資已付，免貼郵票

104 台北市民生東路二段 141 號 11 樓

英屬蓋曼群島商家庭傳媒股份有限公司
城邦分公司

- -

請沿虛線對折，謝謝！

遇見春光・生命從此神采飛揚

◆春光出版

書號： OS2016　　書名： 好孕動 STAY FIT WITH MI
超人氣健身教練的孕期健康動、營養吃、養胎不養肉全計畫

讀者回函卡

謝謝您購買我們出版的書籍！請費心填寫此回函卡，我們將不定期寄上城邦集團最新的出版訊息。

姓名：＿＿＿＿＿＿＿＿＿＿＿＿＿＿＿＿＿＿＿＿

性別：□男　□女

生日：西元＿＿＿＿＿＿年＿＿＿＿＿＿月＿＿＿＿＿＿日

地址：＿＿＿＿＿＿＿＿＿＿＿＿＿＿＿＿＿＿＿＿

聯絡電話：＿＿＿＿＿＿＿＿＿＿　傳真：＿＿＿＿＿＿＿＿＿＿

E-mail：＿＿＿＿＿＿＿＿＿＿＿＿＿＿＿＿＿＿

職業：□1.學生 □2.軍公教 □3.服務 □4.金融 □5.製造 □6.資訊

　　　□7.傳播 □8.自由業 □9.農漁牧 □10.家管 □11.退休

　　　□12.其他 ＿＿＿＿＿＿＿＿＿＿＿＿＿＿＿＿

您從何種方式得知本書消息？

　　　□1.書店 □2.網路 □3.報紙 □4.雜誌 □5.廣播 □6.電視

　　　□7.親友推薦 □8.其他 ＿＿＿＿＿＿＿＿＿＿＿

您通常以何種方式購書？

　　　□1.書店 □2.網路 □3.傳真訂購 □4.郵局劃撥 □5.其他 ＿＿＿＿

您喜歡閱讀哪些類別的書籍？

　　　□1.財經商業 □2.自然科學 □3.歷史 □4.法律 □5.文學

　　　□6.休閒旅遊 □7.小說 □8.人物傳記 □9.生活、勵志

　　　□10.其他 ＿＿＿＿＿＿＿＿＿＿＿＿＿＿＿＿